開店專業

拉麵·沾麵の醬汁調理技術

人氣店主廚不藏私～配方、材料、調味大公開

瑞昇文化

拉麵、沾麵の 開店專業 醬汁調理技術

新研發

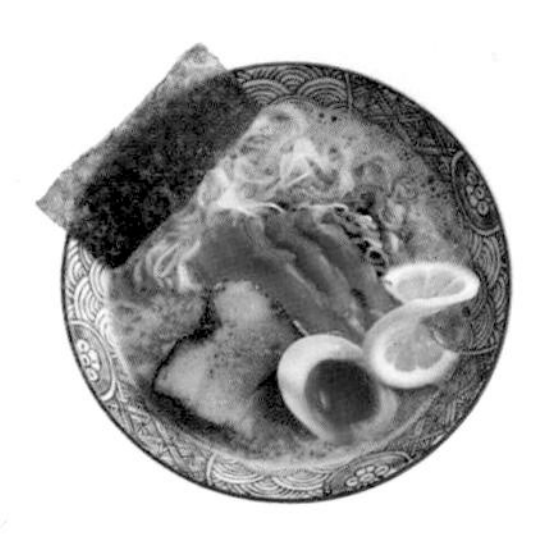

Contents

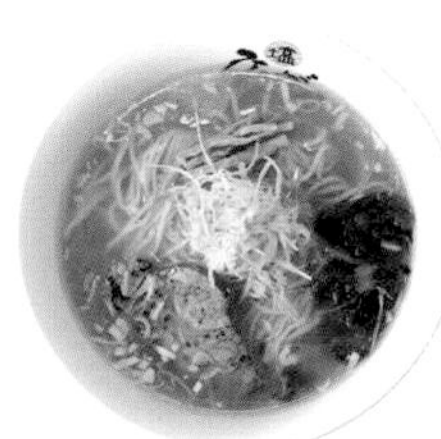

醬汁一覽表

以下將逐一介紹
本書中登場的25種
拉麵、沾麵的多彩醬汁

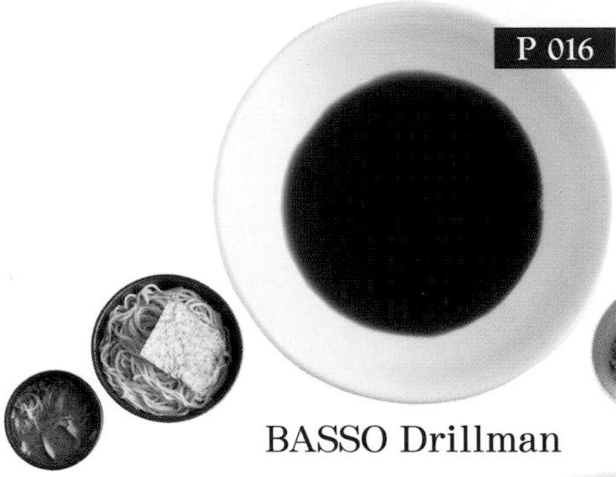

P 016
BASSO Drillman

P 013
神泉的拉麵屋 兔子

P 010
拉麵 胡心房

P 050
中華麵處 道頓堀

P 047
Setaga屋

P 044
69 'N' ROLL ONE

P 059
戶越 拉麵enishi

P 056
中華拉麵 kadoya食堂

P 053
西尾中華拉麵

P 074
麵屋 庄的

P 065
第二代 鮮蝦拉麵 keisuke

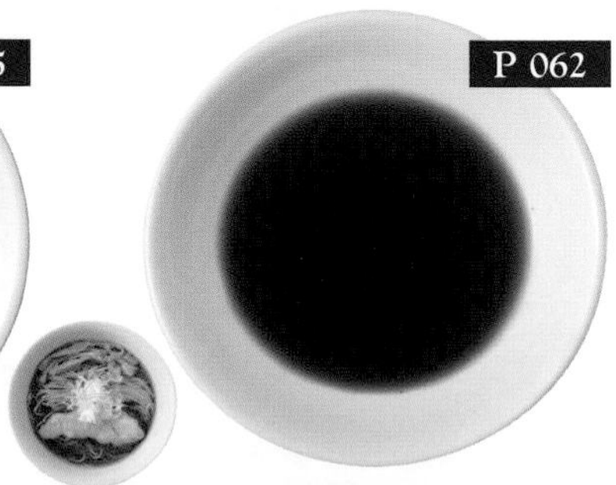

P 062
拉麵 Cliff

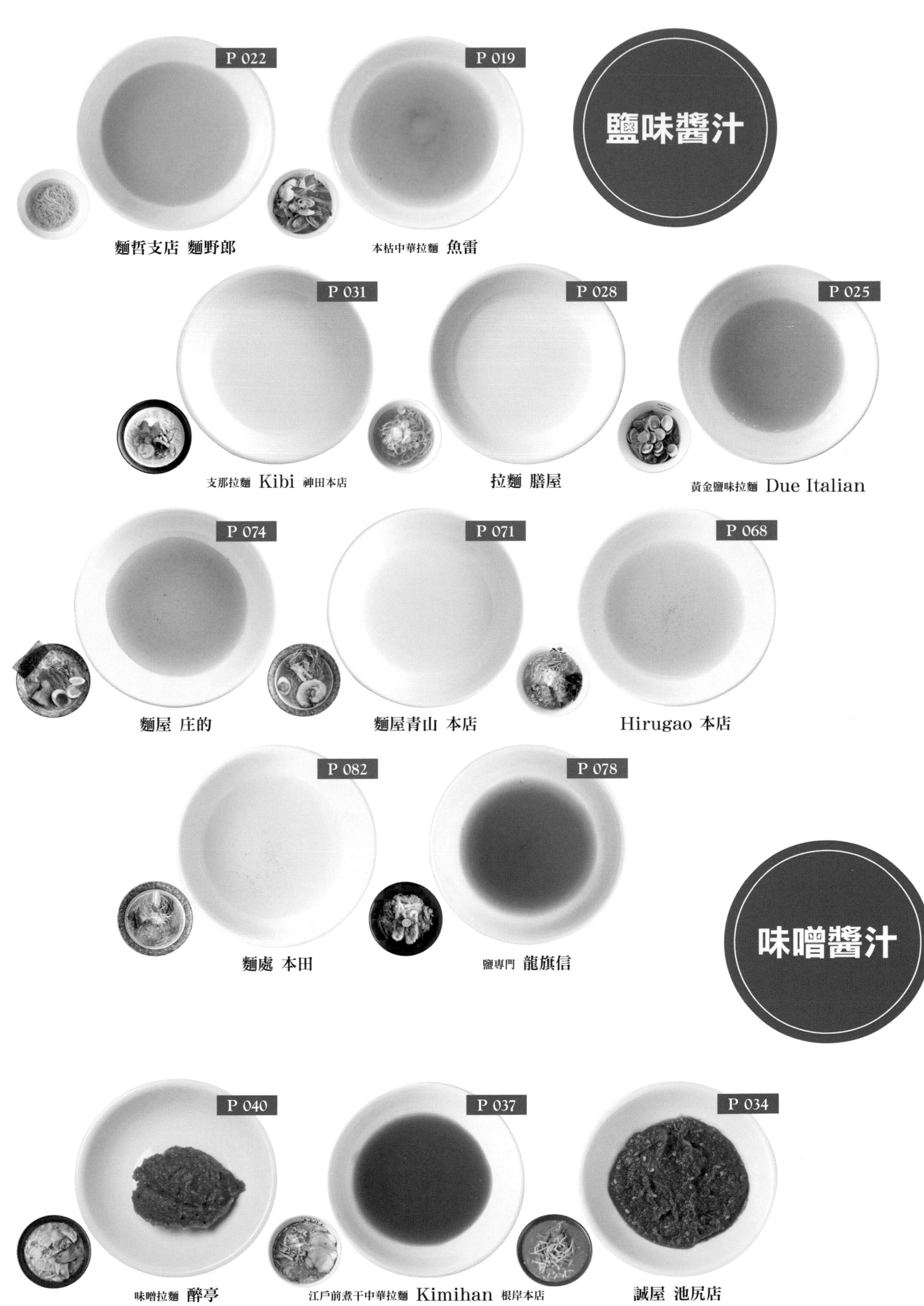
鹽味醬汁
P 022
麵哲支店 麵野郎
P 019
本枯中華拉麵 魚雷
P 031
支那拉麵 Kibi 神田本店
P 028
拉麵 膳屋
P 025
黃金鹽味拉麵 Due Italian
P 074
麵屋 庄的
P 071
麵屋青山 本店
P 068
Hirugao 本店
P 082
麵處 本田
P 078
鹽專門 龍旗信
味噌醬汁
P 040
味噌拉麵 醉亭
P 037
江戶前煮干中華拉麵 Kimihan 根岸本店
P 034
誠屋 池尻店

醬汁功用與觀點

每家店在混合高湯和醬汁時，對醬汁的功用各有不同的觀點。
基於不同的觀點，也衍生出不同的醬汁作法。大致上，醬汁的功用源於四種製作觀點。

以高湯調製主要風味

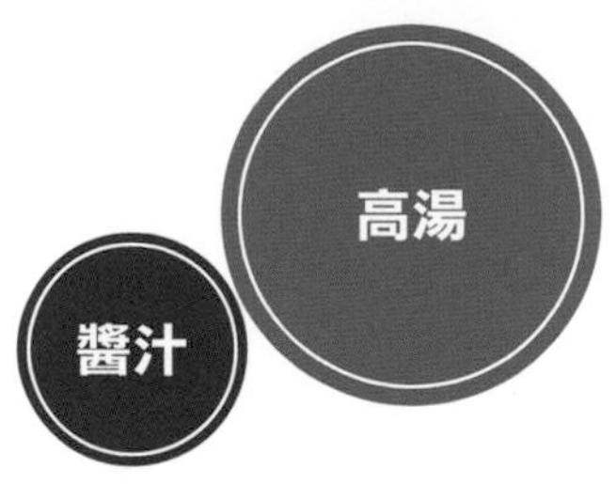

高湯做主角，醬汁是配角

另外有的店家認為，高湯才是拉麵、沾麵味道的主角，醬汁只是擔任加強風味的配角。

他們以高湯的香濃度和醬汁的風味，作為整體風味的重心，而醬汁的主要作用，在於增加鹽分，或補充醬油、味噌等調味料的香味。

在大鍋中混合肉類和海鮮類高湯製成雙味高湯的店家，以及為避免完成後變涼的高湯氧化的店家，大部分都基於此觀點來製作醬汁。此外，採用雙味高湯的店家，沾麵的沾汁中，因高湯的比例少，醬汁的比例增加，所以有些店還會花工夫增加混入海鮮高湯的比例，即使是沾汁也是以高湯的風味作為主角。

本次採訪用醬汁補足高湯風味的店家中，許多製作時都是組合單純的調味料。

以醬汁調製主要風味

設定比例調製醬汁味道

有的店家在混合高湯與醬汁調製拉麵、沾麵的湯頭風味時，是以醬汁作為主體。

醬汁，是在調味料的鹽分和風味中，加入各種調味醬料、蔬菜精華和肉高湯，所製成的複合調味料。長久以來，大部分店家都以這種複合調味料來決定主要的風味。

高湯的風味儘管多少有差異，但只要充分掌握醬汁的味道，完成後就不致於走味。

此外，只要在醬汁中，加入海扇貝、蛤蜊、蝦和蟹等個性鮮明的食材，也容易與其他店明顯區隔。

若以醬汁作為主體來調味，店家需穩定醬汁的味道。鮮味料，有助於穩定其味道。此外，為了穩定味道，有的店家不用叉燒的醃漬液來作為調味料。因為醃漬肉的分量及肉質等，都會改變醃漬液。

拉麵、沾麵的

用2種醬汁調製風味

醬汁＋高湯＋其他調味醬汁（sauce）的新趨勢

目前，還出現另一種醬汁應用的新趨勢。那就是醬汁中不加魚粉或調味油，而補充「調味醬汁」。這種情形在沾麵中尤為明顯。

濃郁的豬骨海鮮沾汁，搭配極粗麵條的沾麵，已成為受歡迎的要素。但是另一法則是，濃郁的風味流行過後，清爽的風味又會受到矚目。受矚目的清爽風味的沾麵沾汁，明顯呈現醬汁＋高湯＋調味醬汁的新趨勢。

許多店家在沾麵的沾汁中，除了混合醬汁和高湯外，還加入能使口味變清爽的醋，或是單味唐辛子來突顯重點風味，不過有的店家會以番茄醬汁取代醋，或加入蔬菜醬汁使味道變溫潤。雖說是調味醬汁，但最初的構想是組合2種醬汁。麵條也不用極粗麵，而改用中細麵。這種情況感覺需要搭配更樸素的醬汁。

煮麵的時間縮短，麵點能夠更快上桌，因此有越來越多的店家對用細麵或中細麵的沾麵感到興趣，清爽風味的新趨勢沾汁未來可能還會更加普及。

應用醬汁調製風味

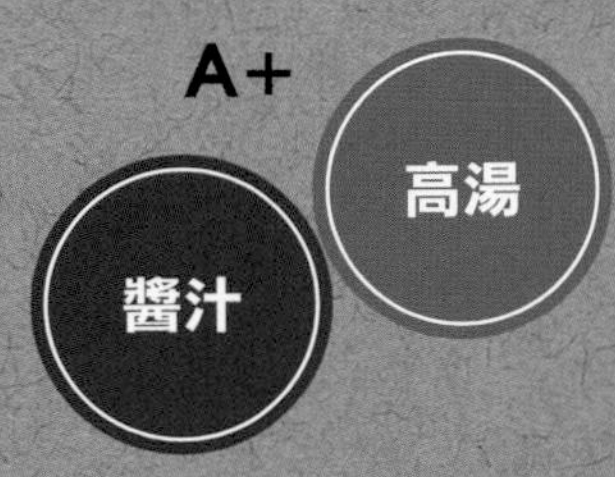

調製能應用的醬汁

主張高湯和醬汁均非主體，是最近拉麵店的趨勢，拉麵店明顯的以製作能應用的醬汁為目標。

他們希望製作的拉麵醬汁，不僅能應用在沾麵中，也能應用在季節限定的拉麵、沾麵中。店家除了變化配菜外，連醬汁和麵條都開發出拉麵專用的限期產品，這也是吸引現代顧客目光的最大關鍵。拉麵、沾麵如今已成為一項美食，能否供應創意拉麵、沾麵，也成為一家拉麵店有無實力的指標。

因此，拉麵店很注重醬汁是否容易應用在創作拉麵中。

許多店家會花工夫製作調味油，用於創意拉麵和沾麵中，這意味著即使醬汁和各種調味油組合，味道也能協調，而且很方便應用。

閱讀本書前須知

本書的標示與內容

- 書中介紹的「店家醬汁」，是2011年4月採訪時各店所使用的醬汁。拉麵店的烹調技術日新月異，對店家來說，當時醬汁也可能正在改良，這點請各位讀者了解。
- 書中介紹的「新研發醬汁」，是本書出版時的試作品。雖然有的曾實際在菜單中推出，但有些最終仍未成為實際商品。
- 書中介紹的醬汁材料分量，是該店的準備分量，或該店方便製作的分量。
- 分量中標示為「適量」、「少量」的項目，可調整為個人喜好的適當分量。
- 材料欄中，「　」中標示的是商品名。
- 書中有的店家未介紹醬汁的分量。這種情況大多是「最終風味應由各店主的喜好來決定」，不過店家建議「若直接販售書中介紹的菜單，未來可能不會應用。最好多方嘗試，學習如何表現味道」，因此請各位讀者能諒解未標示分量的情形。
- 使用書中介紹的醬汁的拉麵和沾麵，會標示麵碗中混合高湯、醬汁和油等的分量，作為「大致的標準」。這是製作1人分量時的基本標準。有時因材料的狀況等因素，會略微調整分量。
- 書中刊出的菜名、價錢、店家地址、電話、營業時間、例假日、網址等，為2011年4月的資料。
- 使用的用具、材料名稱，都以各店的稱呼為準。

新研發

人氣店店主設計的
醬汁新配方

本章將介紹人氣店店主新試作，與目前營業用高湯混合的
其他醬汁，或新作的拉麵醬汁，及用新觀點思考的醬汁等。
並清楚說明其材料的選擇法、配方和作法。

拉麵 **胡心房**

「追求單純的食材」醬油醬汁

以減法調配風味 重視整體平衡

店主野津理惠小姐認為，本書的讀者大多是製作醬汁（拉麵）的新手，因此她以「盡力尋找、培育自己的拉麵」為題，為我們設計讓醬汁、高湯與油等整體保持平衡的拉麵配方。因此，野津小姐製作的拉麵非常簡單。她認為初學者一開始，比起注重麵品內容的豐富性，更重要的是去了解各項材料的味道、使用目的，學習如何製作樸素的風味。在調製醬汁味道時，她留意加熱的溫度，以利活用醬油的風味，同時能突顯濃縮了伊比利豬（Iberico）甜味與鮮味的高湯風味。

「這道拉麵風味簡樸，食材經過仔細斟酌。不僅沒有買不到的食材，我也考慮到不會浪費食材。所以，請讀者先試做這份食譜，嘗試完成自己滿意的風味。接下來，我希望讀者先不要增加食材，而是試著改變醬油、鹽種或火候等，來變化這份食譜，開始探尋屬於自己的拉麵風味」。

▶醬汁的研發構想及店家介紹在第86頁

◆材料

point 1

水…500mℓ（純水）

干貝…35g

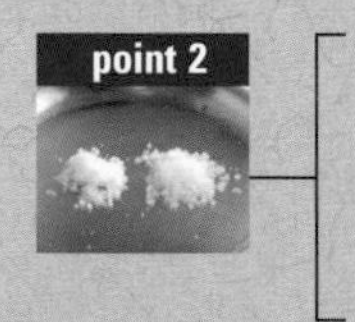

point 2

鹽…5g（※）（日本產海水鹽）

藻鹽…5g（結晶）

point 3

鹽滷…2～3滴

point 4

濃味醬油…500mℓ（大豆醬油）

※鹽

採用的鹽是以日本產海水鹽製作，未經火加熱，含有礦物質的產品。

◆作法

干貝泡水2晚。店家是使用已濾除雜質的「純水」，讓食材的鮮味汁充分釋出。

point 1　干貝的鮮味汁

干貝的鮮味汁，具有使醬油口感變柔和的調和作用。干貝的鮮味能使醬油的鹹味變得更溫潤，還能補充和高湯豬肉不同的鮮味。選用干貝，是因為鮮味汁的味道不可太濃。

將1倒入鍋中加熱，煮沸後加入2種鹽，充分混勻。以小火加熱，讓湯汁蒸發，分量減少。

point 2　鹽

為了靈活均衡調節高湯中伊比利豬的鮮味，並使高湯呈現美麗可口的色澤，先少加點醬油，鹹度不要加足，同時加鹽，來調整醬油的分量。鹽還可以補充醬油所缺乏的鮮味與礦物質。選用鹽巴時，建議挑選舔起來要味道不死鹹，澀味和苦味都較淡的產品。

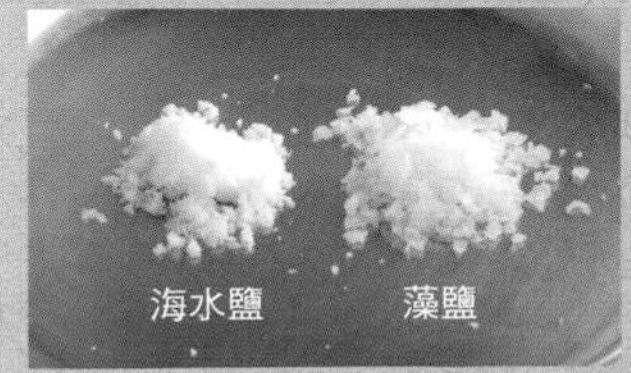

鹽溶解後熄火，加入鹽滷。置於常溫中放涼。

point 3　鹽滷

鹽滷能調和刺激的鹽味使其變柔和。不同品牌的鹽滷，濃度也不同，標示的分量為大致的量，可適度的調整。

在別的鍋裡用小火加熱醬油，讓溫度慢慢上升至80℃。到達80℃後，保持溫度約煮3分鐘。若溫度高於80℃的話，如下圖所示般將鍋子離火，讓溫度降至80℃。

point 4　濃味醬油

濃味醬油可以選用自己喜歡的產品，不過這裡建議使用大豆醬油。挑選未氧化、香味濃郁的產品較佳。市面上也有販售圖片中密封包裝的產品。

point 5　加熱

即使是相同品牌的醬油，味道也有微妙的差異，為了讓醬油保持穩定，可加熱一次。這次製作的醬汁，為了能運用醬油的香味和顏色，需慢慢加熱至80℃，保持溫度加熱3分鐘。煮沸的話香味不但會散失，顏色也會改變。

直接置於常溫中放涼（上圖），涼了之後，將3的高湯一面用圓錐形網篩過濾，一面加入其中（下圖），混合。放入冷藏室至少一晚再使用。

新研發 胡心房的醬油拉麵

伊比利豬五花肉的甘甜鮮味，魅力非凡。雖然是非常單純的組合醬汁、高湯和油，但卻呈現無與倫比的濃郁滋味。

醬油醬汁…30mℓ
高湯…300mℓ
伊比利豬的油脂
…30g

醬油醬汁

麵條

採用營業用切齒20號、含水率36.5%的圓齒直麵。搭配石臼碾磨的日產小麥的全麥麵粉，以增進麵粉風味，麵條具有蕎麥麵的彈牙口感。

配菜

配菜一如中華拉麵的感覺，僅運用製作高湯的伊比利豬五花肉製成的叉燒肉和蔥花（蔥綠部分）。叉燒肉從高湯中取出後，趁熱放入涼的叉燒醬汁中醃漬而成。濾除高湯後肉的重量約減少40%。

高湯

這是用伊比利豬的五花肉熬煮，具有肉甜味與鮮味的清湯。其中混合了昆布，以及和豬肉的肌苷酸（inosinic acid）不同鮮味的麩胺酸（glutamate）成分。店家費心挑選伊比利豬、昆布和水這樣單純，卻能熬煮出濃郁鮮味高湯的材料。以下是高湯的作法。在3ℓ純水（除去雜質的水）中，放入30g昆布浸泡5～6小時，再放入切好的伊比利豬五花肉1.2kg加熱。先一面舀除浮沫雜質，一面讓溫度保持約65℃20分鐘，之後將火轉強，煮到快開時，取出昆布。接著保持半開狀態（氣泡從鍋心平靜冒出的穩定沸騰狀態），約加熱2小時。濾掉湯汁取出肉，將肉立刻用流水沖或放入冰水中加以冷卻。冷卻後放入冷藏室一晚讓它熟成再使用。完成的分量約1.8～2ℓ。伊比利豬高湯的特色是無肉腥味，雜質少，滋味鮮美，即使不加香味蔬菜等也能直接運用。

伊比利豬的油脂

高湯涼了之後，從表面舀取的凝結油脂。伊比利豬的油脂富含油酸（Olein），店主野津小姐表示「它的鮮味最濃」。油脂煮融後再使用。

神泉的拉麵屋 兔子

「以白醬油的厚味為主軸」醬油醬汁

使用燻柴魚和本枯節柴魚提引風味與鮮味

「兔子拉麵屋」提供富天然食材鮮味的拉麵，強調絕不添加味精等調味料。店主的山田夏大先生認為，製作醬汁最重要的是選擇調味料。平時他製作新醬汁時，第一要務是決定調味料，以增加湯頭的香味與鮮味。

這次，「兔子拉麵店」設計的是適合搭配營業用高湯的白醬油醬汁。店家在味道濃厚，比一般醬油多一倍小麥釀製的「三河白醬油」中，混入海鮮高湯，使其風味更飽滿豐厚。柴魚使用各具濃郁風味的陳年燻柴魚和風味高雅的本枯節柴魚。和數種食材混合，能彌補不足的味道和香味。不過，山田先生在製作醬汁時，重心仍放在調味料上。目的還是為了避免使用多種食材的高湯中，有某種味道或香味特別突出。他在調製味道時，充分考慮到高湯味道與香味維持均衡的整體平衡感。這次同類食材都採取相同的使用分量，也是為了調整其平衡。

▶醬汁的研發構想及店家介紹在第87頁

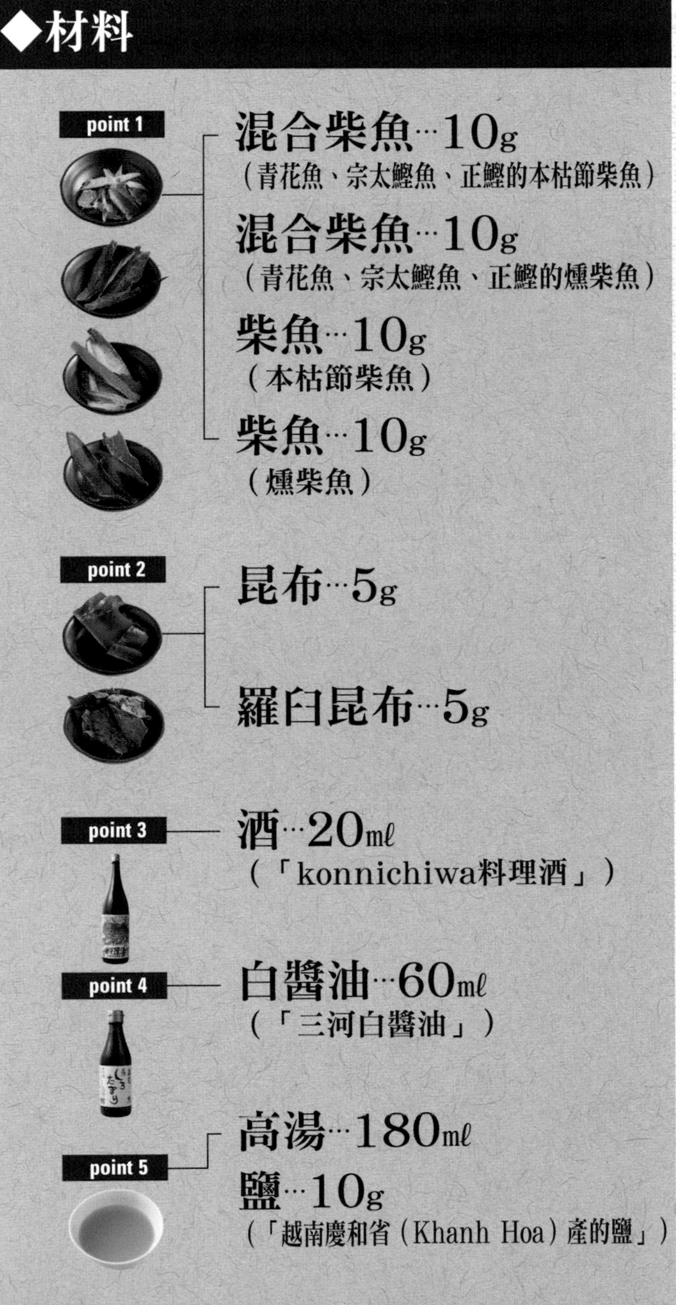

◆材料

point 1
- 混合柴魚…10g（青花魚、宗太鰹魚、正鰹的本枯節柴魚）
- 混合柴魚…10g（青花魚、宗太鰹魚、正鰹的燻柴魚）
- 柴魚…10g（本枯節柴魚）
- 柴魚…10g（燻柴魚）

point 2
- 昆布…5g
- 羅臼昆布…5g

point 3
- 酒…20mℓ（「konnichiwa料理酒」）

point 4
- 白醬油…60mℓ（「三河白醬油」）

point 5
- 高湯…180mℓ
- 鹽…10g（「越南慶和省（Khanh Hoa）產的鹽」）

※高湯
使用第15頁介紹未加入「海鮮高湯」的「和風高湯」（以雞骨為基本材料的「肉高湯」，加上昆布和乾香菇熬煮而成）。通常，店家數日才準備一次醬汁，但考慮到保存性和風味劣化等問題，所以不混入容易氧化的海鮮高湯。也可以只使用雞骨高湯。

◆作法

在鍋裡倒入酒、白醬油和高湯混合，再放入全部的柴魚和昆布。

point 1 柴魚

組合海鮮風味濃厚的燻柴魚，以及具柔和高雅鮮味的本枯節柴魚，能夠完美互補兩者的風味。同類食材採用同樣的使用量，目的在於維持整體風味的平衡。混合柴魚中所含的正鰹柴魚量略少，使得柴魚的高雅風味稍顯不足。因此，除了混合柴魚外，還加入其他2種柴魚。

point 2 昆布

昆布的使用法，也和燻柴魚和本枯節柴魚2種柴魚類似。野味濃厚的羅臼昆布的扮演角色等同燻柴魚，而具有高雅甜味的真昆布則相當於本枯節柴魚。

point 3 酒

使用酒廠釀造、料理專用的純米酒。它富含胺基酸，味道鮮美醇厚，能使料理味道更濃厚飽滿。

point 4 白醬油

這是以日本產小麥、天然海鹽和天然水釀造而成。味道濃厚香醇。

point 5 高湯

使用高湯製作醬汁，拉麵完成後風味更具整體感。如果使用水，醬汁味道較淡，風味讓人略覺不足。

同時還要加入鹽。

斟酌火候，讓它保持沸騰狀態約15分鐘，然後讓它大開一下。

point 6 加熱時間

熬煮多久視材料的多寡而定。這次的分量約需煮15分鐘。熬煮的時間太短，高湯味道太淡，相反的，若煮得太久又會產生雜味。

煮沸後熄火，材料不取出，放在常溫中放涼約90分鐘。

point 7 利用餘溫引出高湯

昆布和柴魚以高溫長時間加熱，會產生雜味、澀味和苦味，所以要善用餘溫慢慢的引出高湯的風味。需一段時間食材才能充分釋出鮮味，因此需靜置約90分鐘。

靜置90分鐘後，取出材料，過濾高湯，放入冷藏室一晚備用。

新研發 白醬油拉麵

混合了白醬油的厚味、海鮮高湯的鮮味和背脂甜味等的高湯，入口後比外觀看起來更為香濃。最適合搭配芳香彈牙的細麵。

★基本配方★
醬油醬汁…40mℓ
高湯…270mℓ
香味油…10mℓ
背脂…10mℓ
油蔥、爆香大蒜…適量
青蔥…適量

醬油醬汁

油蔥、爆香大蒜

以大豆油爆香青蔥和大蒜。除了能增加高湯的香味外，還能加入別具特色的酥脆口感。

青蔥

青蔥直接添加在麵品中，味道會太嗆太濃。事先將蔥和醬汁等放入麵碗中，淋下熱高湯，風味和香味會更柔和。

麵條

該店使用口感Q韌彈牙的細麵，為拉麵用切齒22號製作，低加水的直麵。日本產小麥製作的麵條，味道雖芳香，但缺點是容易延展，該店使用的日本產小麥（華漫天〔Hanamanten〕），小麥風味佳，但特色是麵條不易延展。所以該店在選擇小麥粉時特別費時講究。

配菜

拉麵的配菜有肩里脊製作的叉燒肉、筍乾、滷蛋和水菜。叉燒肉是使用油脂分布細密，肉質柔嫩的榛名豬。店家為使叉燒肉和清爽的高湯保持平衡，不使用富含油脂的五花肉，而用油脂適中的肩里脊肉製作。烤過後再放入，高湯更添芳香。

高湯

這是該店營業用的高湯，特色是混合肉類、和風和海鮮三種高湯，味道十分清爽。熬製高湯的基本材料為雞骨。店家在用豬大腿骨、大蒜、生薑、蘋果、青蔥和洋蔥等材料熬製6小時的肉高湯中，加入以乾香菇、真昆布和羅臼昆布熬製，放置一晚的和風高湯。於完成時（營業之前），再混合用宗太鰹魚和青花魚的柴魚，以及日本鯷魚和乾海參2種魚乾熬製的海鮮高湯，至此高湯才大功告成。

香味油

營業用的香味油。店家用製作高湯時濾除的雞油，和用大豆油製作的蔥油，只混合當天營業需用的分量。雞油增添濃郁口感，蔥油使麵品更芳香。雞油和蔥油的使用比例為5：2。

背脂

店家將背脂水煮約2小時變得鬆軟，再放入果汁機中攪打後使用。若直接使用，高湯喝起來口感太厚重油膩，所以攪打成豬油。清爽的高湯中，加入背脂的甜味與香濃，風味更令人滿意。

BASSO Drillman

「以秋田醬油為主角」沾麵用的醬油醬汁

醬油不加熱 保留香味與風味

店主品川隆一郎先生，以秋田縣湯澤市當地的味噌醬油釀造廠「石孫本店」，所生產的天然釀造的大豆醬油「百壽」，作為這個醬汁的主角。嚴選食材釀造的百壽醬油，特色是味道香濃甘醇。這次店主將該店使用的醬油醬汁做了少許變化，為我們研發出能充分發揮「百壽」美味的沾麵用醬油醬汁。

除了使用「百壽」醬油外，店主考慮沾麵的濃郁高湯，需搭配味鮮香醇的濃味醬油，於是加入等量的Higeta製「蕎麥麵膳」醬油混合。

重點是製作過程中，醬油完全不加熱。因為考慮到醬油經過加熱，會喪失原有的香味與風味。作法是先將醬油以外的調味料煮開，讓酒精揮發、砂糖充分溶化後，再混入醬油中。

醬油不加熱製成醬汁時，或許有人在意醬油的獨特豆味，或擔心味道不夠濃郁。這些問題只要加一點叉燒肉的醬汁，就能迎刃而解。

醬汁的研發構想及店家介紹在第88頁

◆材料

上白糖…1kg

point 1 — 三溫糖…330g

叉燒肉醬汁（※）…4ℓ

point 3 — 發酵調味料…1400mℓ（「味之母」）

point 6 — 濃味醬油…6ℓ（「百壽」）

濃味醬油…6ℓ（「蕎麥麵膳（sobazen）」）

※叉燒肉醬汁

豬的肩里脊肉用淡味醬油、大蒜和生薑煮過，剩餘的煮汁放入冷藏室，取出撈除表面油脂即成。

◆作法

在桶鍋中放入上白糖和三溫糖，利用三溫糖產生厚味。

撈除叉燒肉醬汁表面凝結的油脂，一面過濾，一面加入1中。

point 1　叉燒醬汁

這次的醬汁因醬油沒加熱，為了使濃烈的醬油味變柔和，可加少量的叉燒醬汁。這樣醬汁不但能散發叉燒醬汁的溫潤滋味，也讓人覺得更濃郁。

point 2　撈除油脂

為避色醬汁氧化，在此階段最好撈除叉燒醬汁表面的浮油。

接著加入發酵調味料「味之母」。

point 3　發酵調味料

「味之母」是類似味醂和酒混合而成的發酵調味料。該店將它當作味醂使用。由於它沒有特殊的氣味，除了不會影響醬油味外，還能提升醬汁的鮮味。

桶鍋開火加熱，剛開始一面用打蛋器混拌，一面以小火加熱。

point 4　注意勿焦底

砂糖會沉澱到鍋底，很容易煮焦，所以要先混拌讓砂糖完全溶化為止。

一直加熱到大開為止，讓發酵調味料的酒精成分揮發。煮沸一下子後熄火，將鍋子移到未開火使用的瓦斯爐上放涼。

point 5　避開瓦斯爐的餘溫

瓦斯爐上即使有餘溫，也會使味道產生微妙的變化，最好將鍋子移到完全沒溫度的瓦斯爐上。

在另一個桶鍋中，混合「蕎麥麵膳」醬油（上圖），「百壽」醬油（下圖）備用。

point 6　濃味醬油

「百壽」醬油是店主品川先生的家鄉秋田縣湯澤市所釀造的醬油。店主選用的原因是，它遵循古法使用大豆天然釀造而成，味道香濃甘醇。為了充分活用醬油原有的美味，特別不經加熱直接用於醬汁中。

醬汁中還混入和沾麵的濃厚高湯十分對味的Higeta製的「蕎麥麵膳」醬油。蕎麥麵店等的麵湯中也常使用這種優質醬油，醬油味甘醇香濃，也適合作為沾麵的醬汁。

醬汁稍微變涼後，將5倒入6的醬油桶鍋中混合。放入冷藏室中靜置3天。

point 7　靜置融合

放入冷藏室靜置3天，味道會更融合穩定。

新研發 蕎麥麵

沾用醬油的甘醇芳香與味道的沾汁，濃郁夠味卻又很清爽。柴魚的香味及胡椒的辣味成為重點風味，也很適合搭配滑潤的麵條。

醬油醬汁…30mℓ
高湯…200mℓ
蒜油…15mℓ
魚粉…3.75mℓ的量匙1匙
醋…1.25mℓ
白胡椒…適量
黑胡椒…適量
單味唐辛子…適量

醬油醬汁

調味料

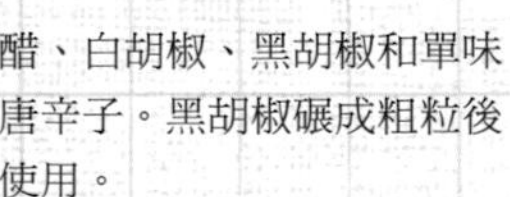

醋、白胡椒、黑胡椒和單味唐辛子。黑胡椒碾成粗粒後使用。

麵條

該店僅採用切齒14號、含水率約38～40％，3種品牌的日本產小麥粉自製的麵條。

配菜

豬五花叉燒肉、肩里脊叉燒肉、筍乾和青蔥。

高湯

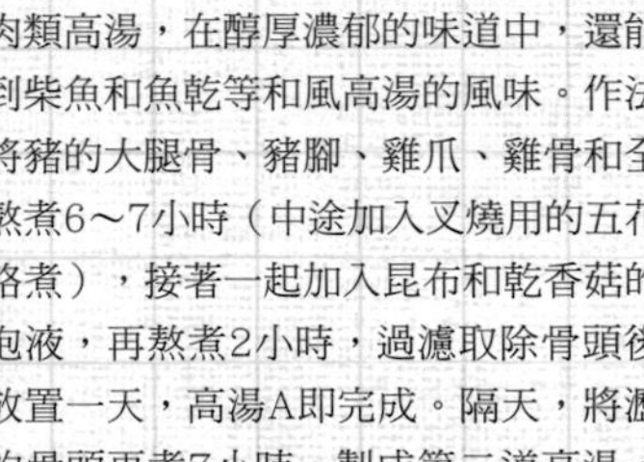

這是該店沾麵專用的營業用高湯。主體是肉類高湯，在醇厚濃郁的味道中，還能嚐到柴魚和魚乾等和風高湯的風味。作法是將豬的大腿骨、豬腳、雞爪、雞骨和全雞熬煮6～7小時（中途加入叉燒用的五花肉略煮），接著一起加入昆布和乾香菇的浸泡液，再熬煮2小時，過濾取除骨頭後，放置一天，高湯A即完成。隔天，將瀝出的骨頭再煮7小時，製成第二道高湯，過程中，分次加入秋刀魚、鰹魚、青花魚等製作的柴魚，高湯B即完成。將A和B的高湯混合，營業用高湯才大功告成。

蒜油

這是該店使用的香味油，以1400mℓ的豬油，和用150mℓ白絞油炸過蒜末的油混合而成。

魚粉

加入魚粉以增加魚的香味，選用100％純鰹魚粉。

本枯中華拉麵 **魚雷**

「表現貝類生命力的味道」鹽味醬汁

運用靜置技巧和甜味使鹹味變得溫潤

這次「魚雷」的塚田兼司先生，為我們介紹的鹽味醬汁，是「魚雷」在參加拉麵活動當時，所推出的「鮮貝拉麵」使用的醬汁。

塚田先生意圖呈現的是「蛤仔的味噌湯」。他表示「在蛤仔味噌湯的美味中，有一種單純的感動。這讓我想要製作一道能生動表現貝類生命力的拉麵」。塚田先生在以3種貝類高湯為主體的雙味高湯中，組合用海鮮材料和藻鹽等製作，散發濃郁海潮香與美味的鹽味醬汁，完成了這道「鮮貝拉麵」。

消除鹽味的死鹹感，使其變溫潤，是製作鹽味醬汁的重點。不使用一般用來消除死鹹感的鮮味料，卻又想讓鹹味變溫潤時，關鍵在於醬汁的靜置方式和甜味的添加法。這道鹽味醬汁在製作過程中，是利用靜置3次，並組合攪碎的干貝和蜂蜜兩種甜味，來消除鹽分的死鹹感。

▶醬汁的研發構想及店家介紹在第89頁

◆材料

高湯液（※）…12ℓ

point 7

鹽…2kg
（內蒙產岩鹽）
藻鹽…500g
（「海人的藻鹽」）

point 8

三溫糖…100g
蜂蜜…100g

白醬油…5ℓ
point 9 — 醋…500mℓ
味醂…1200mℓ
酵母精…100g

※高湯液

point 1 — 水…16ℓ
（純水）
乾香菇…400g

point 2

干貝…400g
魚乾…200g
（瀨戶內產）
乾櫻花蝦…100g

◆作法

1 製作高湯液。先在純水中放入乾香菇。

point 1 水

使用經逆滲透處理過的純水。去除雜質的純水，能夠使昆布和柴魚等釋出更多的胺基酸。

2 將魚乾、干貝和乾櫻花蝦，分別用攪拌機攪碎。全部放入1中，從底部向上撈起混拌。

point 2 海鮮材料

該店選用有甜味的貝柱作為高湯的主角，為保持均衡的香味和鮮味，還加入乾櫻花蝦和魚乾。魚乾選用內臟少，不易產生苦味和澀味的瀨戶內產製品。

point 3 攪打成粉末

材料儘量攪打成粉末，這樣醬汁靜置時，才能充分釋出美味。

3 上面壓上盤子等重物，靜置一晚。

point 4 壓上重物

為避免乾香菇浮起，上面壓上重物，讓香菇精華釋出更多。

4 加熱。用大火煮到快要沸騰，煮沸後立即轉小火，火力小到湯汁不至於滾沸的程度，約熬煮30分鐘。

5 煮30分鐘後熄火，直接靜置半天。

point 5 不過濾，直接靜置

過濾高湯前，食材直接放在裡面靜置浸泡，這樣才能徹底釋出美味。

6 用粗目錐形網篩過濾。不必剔除已粉碎的高湯材料。

point 6 保留高湯材料

貝柱和魚乾等已粉碎的材料，特意保留在醬汁中。這樣醬汁靜置期間也能不走味，充分保留高湯風味。

7 加入蒙古產岩鹽、藻鹽（上圖）、三溫糖和蜂蜜（下圖）。從顆粒狀的材料開始加，每次加入都要用打蛋器混合。

point 7 鹽

採用富含礦物質、具甜味的廣島縣蒲刈島產的「海人的藻鹽」，及內蒙古產的岩鹽。混合海鹽和岩鹽來取得平衡。

point 8 柔和的甜味

採用三溫糖和蜂蜜。為了不讓甜味顯得單調，還加入蜂蜜，兩者獨特香味與柔和甜味，可消除鹽的死鹹感。

8 接著依序加入醬油、醋等液體混合。加蓋放入冷藏室至少1週讓它靜置融合，鹽味醬汁就完成了。使用鹽味醬汁時，要從鍋底充分攪拌後，再舀取倒入碗中。

point 9 醋

醋具有提味的作用。鹽味拉麵加醋，更能突顯風味。

point 10 靜置1週以上

為避免醬汁蒸發需加蓋，夏天一定要存放在冷藏室。至少靜置一週，以消除死鹹感，這樣風味溫潤的鹽味醬汁即完成。

新研發 鮮貝拉麵

不使用柴魚，而用「蛤仔」製作，湯頭散發沁人心脾的蛤仔鮮味與香味。多樣的海鮮高湯散發深妙的美味。有人形容湯頭「猶如清湯一般」。

★基本配方★

鹽味醬汁…約25mℓ
高湯…310mℓ
（貝類高湯：肉類高湯＝2：1）
雞油…10mℓ
蛤仔…10個

鹽味醬汁

雞油

紅雞100％的雞油。

麵條

採用特別訂製，以日本產麵粉混合石臼碾磨的麵粉所製作的麵條。

配菜

叉燒雞、蔥白絲、劍筍、蛤仔（以虹吸式咖啡壺煮過的）、青蔥、義大利荷蘭芹。

貝類高湯

這是濃縮3種貝類和昆布的鮮味高湯。120ℓ純水加2kg昆布浸泡靜置一晚，加熱2～3小時讓昆布釋出精華，再加入在淡鹽水中已吐過沙的蛤仔5kg、蜆仔5kg和淡菜3kg，加熱約1小時後即成。將「貝類高湯」和「肉類高湯」（參照下文）以2比1的比例混合後，在完成階段利用虹吸式咖啡壺，讓新鮮的蛤仔的美味融入高湯中。

肉類高湯

將10kg紅雞、10kg雞爪和10根豬腳分別處理後，以不滾沸程度的火候約煮5～6小時，製成富膠質的肉類高湯。讓鮮美的貝類高湯中，散發肉類高湯的深妙美味，以補足原來較單調的味道。

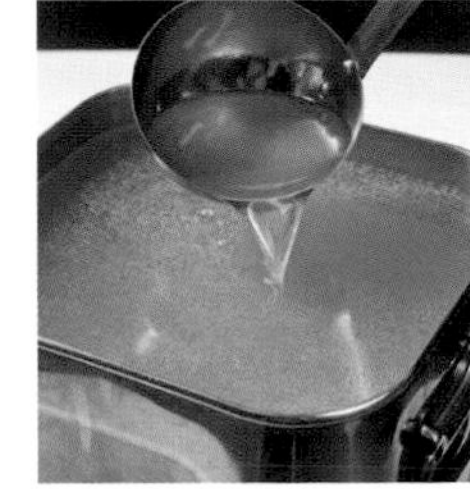

完成「高湯」

1 貝類高湯和肉類高湯以2比1的比例混合。

2 將1的高湯放入虹吸式咖啡壺的下壺中，上壺中放已吐過沙的蛤仔，將壺組合好。

3 用酒精燈加熱煮沸，裝在下壺中的高湯逐漸上升到上壺中，萃取出蛤仔的美味。

4 直到蚵仔的殼打開後，熄火即完成（讓高湯再流回下壺中）。也可以將高湯和蛤仔放入鍋中來煮。

麵哲支店 麵野郎

「以麵條為主角的基本醬汁」
鹽味醬汁

最適合品味 麵條風味的樸素醬汁

該店店主庄司忠臣先生，居關西拉麵店的領導地位。許多人受到他的影響，都開始自製麵條，改良風味。雖然「麵哲支店　麵野郎」或「麵哲」，目前醬汁中都不使用鮮味料，不過開店之初，因「使用鮮味料製作醬汁不但方便，而且味道也較穩定」，所以這次試作鹽味醬汁時也使用。

這道鹽味醬汁，也可說是「最基本的鹽味醬汁」，用途十分廣泛。例如，可以加入磨碎的生薑和大蒜，也可以加入魚乾。當水和鹽量變少，補充濃味醬油，還可製成醬油醬汁等。庄司先生思考製作出能添加其他材料的醬汁。

以下將介紹不混合高湯，而混合熱水的醬汁，這種鹽味醬汁製作的拉麵，可謂終極樸素的拉麵。這道和「熱水」混合的醬汁製作而成的拉麵，風味創新。想確認麵條滋味如何時，最適合搭配此醬汁。

▶醬汁的研發構想及店家介紹在第90頁

◆材料

水…1800mℓ

point 1

鹽…280g（天外天鹽）

本味醂…100mℓ（Takara）

醋…30mℓ（釀造醋）

point 2
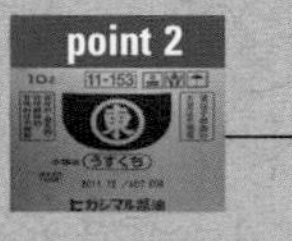

淡味醬油…100mℓ（Higashimaru）

上白糖…20g

鮮味料…10g（haimi）

◆作法

將水煮沸，再倒入鹽煮融。

point 1　使用製麵條相同的鹽

採用內蒙產的天然岩鹽「天外天鹽」。特色是無苦味，風味溫潤。使用製作麵條相同的鹽，能使整體風味更融合。

鹽溶化後，加味醂、砂糖、淡味醬油和醋。

point 2　熟悉的醬油

採用Higashimaru醬油。這是兵庫縣生產的醬油，關西人十分熟悉它的風味。製作拉麵時採用熟悉的醬油，運用起來很方便。

最後加入鮮味料，讓它充分溶解。

point 3　鮮味料

店主庄司忠臣先生認為，使用少量的鮮味料，風味較佳。

混勻後，倒入不鏽鋼容器中，置於常溫中放涼後，冷藏。

point 4　以不鏽鋼容器盛裝

不論是醬油醬汁或鹽味醬汁，都需保存在不鏽鋼容器中。鹽味醬汁要冷藏保存，醬油醬汁置於常溫中即可。

應用

在這個鹽味醬汁中，只要加入磨碎的蒜泥、薑泥，就能改變風味，混合魚乾等的高湯也行。

也可以不用熱水溶解鹽，而用昆布高湯。使用昆布高湯時，要慢慢的煮沸。

當水和鹽量變少，補充濃味醬油，還也可以變成醬油醬汁。

新研發 「鹽與熱水的拉麵」

這道風味極樸素的拉麵不用高湯，而是用熱水稀釋鹽味醬汁。麵條如果美味，採用這種吃法就能嚐其滋味。這道「鹽與熱水的拉麵」，能清楚讓人確認拉麵主角「麵條」的美味。據說店家試做新的麵條時，會以此方法試味。

★基本配方★

鹽味醬汁…36mℓ
熱水…400mℓ
雞脂…15mℓ

鹽味醬汁

鹽味醬汁即使沒有冷藏，也能立即使用。但因容易喪失風味，所以最好放入冷藏室備用。

麵條

採用以真空攪拌機攪拌，含水率42%、切齒18號的直麵。因加入名古屋kochin品種雞的雞蛋，在享受拉麵的同時，麵的美味也會釋入高湯中。想要確認麵條味道時，光用鹽味醬汁加熱水烹調就能清楚試味。

雞油

只使用製作高湯時浮在表面的清澄雞油。光搭配鹽味醬汁和熱水，不太像是拉麵，最好加入雞油和白蔥後，再品嚐確認麵條的風味。因鹽味醬汁中有加醋，所以即使搭配雞油，也不會讓人覺得油膩。

配菜

這碗麵僅用九條蔥作為配菜。先將熱雞油，倒入溫熱的麵碗中，再撒入九條蔥的蔥花。九條蔥的風味釋入雞油後，再依序倒入熱水，放入煮好的麵條。

黃金鹽味拉麵 Due Italian

「以蛤蜊的鹹味為基底」鹽味醬汁

高雅的貝類鹹味中，含3種鹽味的深厚層次

以「有益身體的食材製作高雅拉麵」為目標的石塚和生先生，這次為我們設計的是以「蛤蜊」為主角，搭配鹽味醬汁的拉麵。

據說他在製作鹽味醬汁時，首要考慮的是「要呈現怎樣的鹹味」。因為食材各有獨特的鹹味，究竟要表現哪種食材的鹹味，他事前經過仔細思量。「鯷魚的氣味太重，角蠑螺雖然能製作美味的高湯，但成本太高。最後，我決定選擇具有高雅貝類鮮味與鹹味的蛤蜊」石塚先生說道。

醬汁以蛤蜊的鹹味為基底，再加上昆布及各種調味料的鹹味。石塚先生共採用3種不同的鹽，包括有鮮味的鹽、有竹香的鹽及鹹味鮮明的鹽，混合完成了味道溫潤、甘甜濃郁的鹽味醬汁。

這道醬汁也可以用蛤仔取代蛤蜊來製作。製作重點是使用大量的蛤仔，短時間內迅速濃縮食材的精華，來完成美味的高湯。

醬汁的研發構想及店家介紹在第91頁

◆材料

水…2.5ℓ

利尻昆布…100g

point 1

蛤蜊…400g

給宏德的鹽…150g
（法國產天然日晒海鹽）

point 3

韓國產竹鹽…150g
（「味竹鹽」）

內蒙古產岩鹽…150g
（「天外天鹽」）

point 6

發酵調味料…30mℓ
（「味之母」）

白醬油…110mℓ
（「白醬油」）

point 7

再釀醬油…20mℓ
（「本釀醬油」）

※關於分量
上述材料的分量，假設是拉麵店販售時使用的量。想讓味道更鮮美時，建議蛤蜊用5倍的量，鹽各採用1/8的分量。

◆作法

在水中放入昆布，在常溫中放置一晚浸漬成高湯。

在鍋中放入蛤蜊，倒入1的高湯。

point 1　勿讓蛤蜊吐沙

使用蛤蜊製作醬汁時，蛤蜊「吐沙」後，會留失所含的鮮味，所以製作前別讓蛤蜊吐沙，迅速清洗後即使用。

加熱過程中，一面舀除浮沫雜質，一面煮至沸騰。

point 2　勿勉強打開蛤蜊

加熱後未張口的蛤蜊，別勉強打開。因為蛤蜊未吐沙，若勉強剝開，會釋出苦味。

煮開一下後即熄火，再將高湯過濾到鍋子裡。

以小火加熱，一次加入3種鹽。

point 3　鹽

使用混合的3種鹽。給宏德的鹽具有鮮味、竹鹽具有獨特的竹香，而內蒙古產岩鹽鹹味鮮明。該店營業用鹽味醬汁中，也使用韓國產竹鹽。除了具有獨特的香味外，還富含礦物質，韓國女性在做按摩等美容時，也常採用這種鹽，其價格不菲，在韓國食材店中可購得。

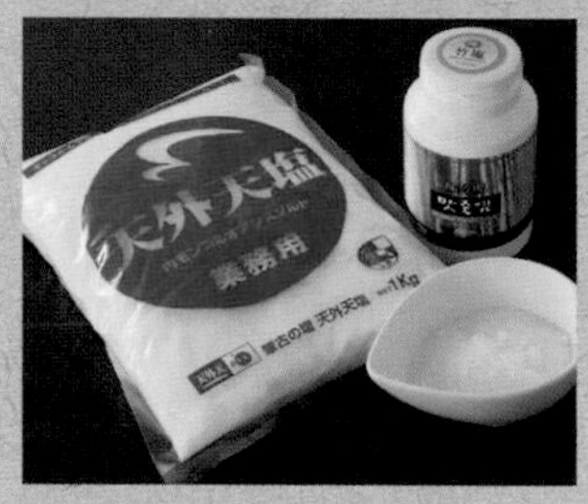

用湯匙一面混合，一面讓鹽充分溶解。

point 4　勿煮沸

斟酌火力，別讓高湯煮沸。

鹽溶化後立即熄火。

point 5　不可加熱過度

加熱時間只需讓鹽溶解即可。若一面繼續加熱，一面加入調味料，風味不但變差，也會流失食材的味道和香味。

加入發酵調味料「味之母」、白醬油和再釀醬油。

point 6　發酵調味料

「味之母」像味醂一樣甜味較淡，所以容易調整味道。

point 7　醬油

為了增加鹽味醬汁的濃郁度，加入醬油調味。基本上，選用不會破壞醬汁風味和色澤的白醬油。

混合後，放在常溫（夏天放冷藏室）中2天。

point 8　放置2天

放置2天味道會更濃郁。因為使用蛤蜊製作，夏天要放入冷藏室靜置。

新研發 蛤蜊鹽味拉麵

以黃金雞為主體，加入柴魚類和昆布熬煮的清澄高湯，與蛤蜊的鹹味非常合味。只需青蔥、薑絲等簡單的配菜，就能襯托貝類更加美味。

★基本配方★
鹽味醬油…27mℓ
高湯…360mℓ
雞油…30mℓ

鹽味醬汁

雞油

不取用高湯上的清澄雞油，而是另外製作的雞油。採用沖繩今帰仁黃金雞的純雞油。

麵條

採用切齒22號、含水率38%，日本產小麥粉製作富麥香的直麵。

高湯

使用該店營業用高湯。這是充分活用鮮美、芳香的今帰仁黃金雞的美味，熬成的金黃色高湯。製作特色是，熬煮過程中會先剔除雞骨和雞爪，先用今帰仁黃金雞的雞身骨、雞爪、雞腿肉和昆布開始熬煮，2個小時後，去除雞骨和雞爪再繼續熬煮，在完成前的2個小時，加入烤飛魚、柴魚和宗太柴魚，共熬煮約5個小時。比起用水放入所有材料開始熬煮，這個高湯感覺像是先用雞骨熬製湯底，再加入富含雞肉鮮味的高湯混合而成。

配菜

採用鹽味醬汁中使用的蛤蜊、青蔥、薑絲、燙青菜和「幸福黃胡椒」。

青蔥用水漂洗後，放入果汁機攪打，讓人享受它的口感和甜味。

「幸福黃胡椒」是以島橘皮和辣椒製作的獨特胡椒。依個人喜好酌量使用。

拉麵 膳屋

「採用和食的技法」鹽味醬汁

用清酒、梅乾和昆布提升美味與風味

人氣鹽味拉麵專門店「膳屋」的店主飯倉洋孝先生，這次為我們設計的是，與營業用醬汁味道截然不同，使用「日本煎酒」技法製作的鹽味醬汁。

所謂的日本煎酒，是在酒中放入梅乾熬煮而成的傳統調味料，比起醬油，它更能襯托食材的風味，所以日本料理店中，也常用來作為生魚片的沾醬。飯倉先生使用醬汁，是在製作煎酒時加入昆布的鮮味。

飯倉先生表示，「使用煎酒，雖然更能直接感受本店的鹽味醬汁的鹹味，但完成後醬汁，口感溫潤不死鹹，更具風味與美味」。而梅乾的酸味和鹹味，也能增添若干不同的風味。選購梅乾時，重點是要儘量挑選鹽分高的。

醬汁的作法極為簡單。為提高醬汁本身的鮮味與濃度，除了水之外，製作特色是要大量使用清酒和昆布。再經長時間放置讓鹹味穩定，也能更增溫潤風味。

▶醬汁的研發構想及店家介紹在第92頁

◆材料

point 1

昆布高湯…500mℓ
（36cm高的桶鍋中，放入600mℓ清酒、1kg日高昆布，加滿水浸漬一晚，再加熱）

point 2

日本煎酒…100mℓ
- 清酒…400mℓ
- 日高昆布…20g
- 梅乾…75～80g（鹽分18%）

point 5

鹽…130g
（中國福建省產天然海鹽）

清酒…100mℓ

本味醂…75mℓ

鮮味料…適量

◆作法

製作煎酒。先在清酒中放入昆布醃漬一晚備用。

point 1 昆布高湯

用煎酒製作昆布高湯，比用水和清酒製作的高湯味道更鮮美。

point 2 昆布

採用日高昆布。因為需要大量使用，所以使用價格便宜、不至太高級的昆布，能製作出風味穩定的好高湯。

取出1的昆布，直接放入帶籽的梅乾。

point 3 梅乾

用於煎酒中的梅乾，儘量選擇高鹽分（18%～20%）的產品。

將2加熱，一面加熱，一面用筷子將梅乾的果肉壓爛。

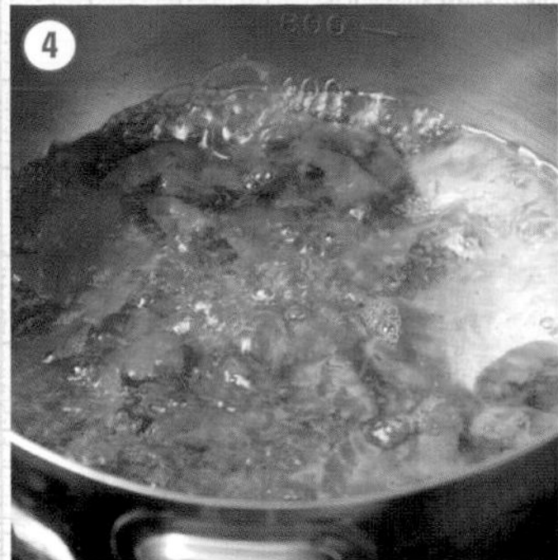

將3煮沸後，再稍微熬煮一下。

point 4

熬煮酒讓鮮味濃縮。

再開大火加熱煮沸，讓酒精成分揮發。

酒精成分揮發後，鍋子離火過濾，煎酒即完成。

point 4

若有時間，最好靜置半天～一晚。

在鍋裡倒入昆布高湯加熱，再立刻加入鹽、酒、味醂、6的煎酒100mℓ和鮮味料。

point 5 鹽

採用和營業用一樣的福建省產天然海鹽。該鹽富含礦物質，溫潤不刺激的鹹味，獲得店主長期愛用。

point 6 鮮味料

店主使用鮮味料，以消除鹽尖銳的死鹹味，選用麩胺酸100%的單純產品。

不攪拌直接加熱，讓它煮開一下。

煮開一下後熄火，放在常溫中至少2～3天後再使用。

point 7

靜置後味道更融合，鹹味變得更溫潤。

新研發 鹽味拉麵

使用煎酒製作的樸素鹽味醬汁中，搭配用大量材料製作的濃郁高湯。不適合用細麵條，適合採用手風味、嚼勁十足的麵條。

★基本配方★

鹽味醬汁…36ml
高湯…500ml
豬油…約10ml
干貝精…10ml
麵條…160g

鹽味醬汁

干貝精

採用濃縮干貝鮮味的青森產扇貝精，能讓拉麵更添深妙美味與香味。

麵條

採用略彎曲的手　風味麵條。因為高湯十分厚重，比起用細直麵，更適合用口感紮實的麵條。

配菜

只加入白蔥花。配菜如此簡單，以利讓人充分品嚐高湯風味。

高湯

將豬骨、豬絞肉、全雞、日高昆布、高湯用豬五花肉、洋蔥、胡蘿蔔、青蔥、大蒜和生薑，用小火熬煮12小時，過程中不攪拌，讓它慢慢熬煮。

【高湯的特色】

以豬骨為主，加入全雞補充味道，煮出的高湯色澤清澄，濃厚夠味。

豬油

以豬骨為主的高湯，適合搭配100%純豬油。

支那拉麵 Kibi 神田本店

「活用食材鮮味的高雅風味」鹽味醬汁

以雞和昆布為湯底 追求風味精緻的鹽味醬汁

讓人百吃不厭的「支那拉麵」是「Kibi」著名的招牌商品。以豬大腿骨和雞骨為湯底製作的高湯，作法簡單、鮮味十足，總讓人吃到碗底朝天，讚不絕口。這次，店主為我們設計能搭配「Kibi」如此美味高湯的鹽味醬汁。雖然該店原本就有鹽味拉麵，但是新研發的醬汁將挑戰全新口味。

研發的目標是活用「Kibi」風格的食材來製作。店主選用鮮味濃的雞和昆布作為主材料，來熬煮不加鮮味料，精緻講究的高湯。為了突顯其風味，食材必須單純，因為要表現「Kibi」的風味，因此醬汁中也使用該店的高湯。不過，經長時間熬煮的營業用高湯，豬肉風味濃郁，無法呈現細緻的醬汁風味，因此需組合雞鮮味最濃郁時的高湯。想製作出不用鮮味料，風味精緻的拉麵時，店主覺得醬汁需呈現獨特風味，所以醬汁離火後，暫不取出昆布，好讓它釋出更濃郁的味道。醬汁中不只使用骨頭，還加入新鮮雞絞肉，使其展現富層次的鮮雞美味。

▶醬汁的研發構想及店家介紹在第93頁

◆材料

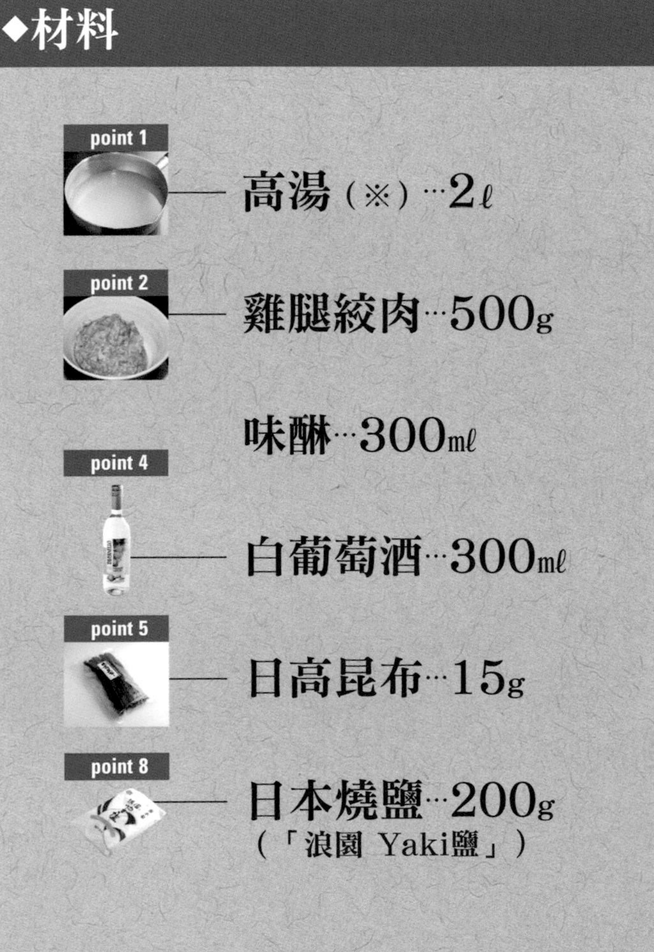

※高湯

適合採用雞作為主體的高湯。這裡是活用雞骨、雞爪和豬大腿骨熬煮成的「Kibi」高湯，不過是取用煮沸3小時後雞高湯風味最濃時的高湯。

◆作法

point 7　萃取昆布的濃郁鮮味

為了讓醬汁味道更濃郁，加熱時特意不取出昆布。此外，煮沸後也不立刻取出昆布，熄火後約再放置5分鐘，就能徹底萃取出昆布的濃厚風味。

再次加熱4，加入燒鹽。

point 8　鹽

選用鹹味厚重的日本燒鹽。

用打蛋器充分混拌，讓味道融合。鹽溶化再煮沸後，即熄火。在常溫中放置一晚，若鹽味變溫潤就完成了。

從2的高湯中取出1ℓ，加入味醂和白葡萄酒。放入日高昆布約8～10小時，製成高湯。

point 4　白葡萄酒

以能呈現水果風味的白葡萄酒，取代料理酒。比起甜味葡萄酒，辣味的較不會破壞風味，也容易融為一體。

point 5　昆布

高湯中不用鮮味料，而加入昆布，活用食材原有的天然美味。和雞絞肉一樣，高湯製作完成後，昆布還可活用作為配菜。使用和醬汁一樣的食材，整碗拉麵能呈現整體感。店主選用吃起來也很美味的日高昆布。

point 6　充分浸泡昆布

不能縮短昆布泡水的時間，重點是充分浸泡才能完成高湯。

昆布放在鍋中直接加熱。煮沸後熄火，靜置5分鐘，再取出昆布。

加熱高湯，煮沸後加入雞腿絞肉。

point 1　高湯

用高湯取代水，混合醬汁和高湯時，才能融為一體。為了突顯細緻的鹽味醬汁風味，其高湯最好以雞高湯作為主體。

point 2　雞絞肉

使用雞絞肉是為了在高湯中加入鮮肉的美味。含有少量油脂的部位，能使高湯味道變濃郁，所以採用腿肉製作，還能避免高湯變混濁。這裡用過的雞絞肉，能活用於配菜的筍乾中。

用筷子等工具攪拌，若絞肉已煮熟，離火，過濾高湯。鍋子下浸泡冷水，若高湯已冷卻，舀除浮在上面的多餘油脂。

point 3　舀除油脂

希望呈現雞肉的美味。因油脂會形成雜味，所以要仔細舀除。

新研發 鹽味拉麵

這是活用雞和昆布鮮味，不用鮮味料的高雅風味拉麵。高湯調製時使用的雞絞肉和日高昆布，還利用作為配菜，使拉麵整體呈現統一感。

★基本配方★
鹽味醬汁…30mℓ
高湯…300mℓ
香味油…10mℓ

鹽味醬汁

高湯

以豬大腿骨為湯底，加入雞骨、雞爪熬煮製作的「Kibi」高湯，要趁雞鮮味最濃時，也就是煮沸3小時後的早晨取用。以雞高湯為主的高湯，靈活運用在細緻的鹽味醬汁中。

香味油

香味油是在芝麻油和沙拉油中，放入蔥、薑和大蒜，快速爆香而成。它能消除雞肉特有的腥味及昆布的雜味，使鮮味更明顯。芝麻油與沙拉油的比例為1：2。

麵條

採用入喉滑順、口感柔韌的麵條，它是手工風味的粗麵，非常適合搭配清爽、高雅的高湯。該店提供的鹽味拉麵也會用此麵條。

配菜

配菜有叉燒雞、筍乾、蔥白絲、柚子和鴨兒芹。配菜類會逐漸滲出味道，例如蔥白絲的風味和昆布的鮮味等，湯匙從不同位置舀取湯汁，能感受到味道有微妙的差異，讓人喝到最後一口也不膩。

為搭配精緻的高湯，用雞腿肉製作叉燒肉。先用線將肉綁好，放入180℃的烤箱中約烤20分鐘，讓鮮味鎖在肉中。表面只輕灑鹽和胡椒來調味。調味要非常單純，以免破壞高湯的風味。

洗去鹽分的筍乾，以鹽味醬汁、高湯和味醂調味。再加入製作醬汁時用過的雞腿絞肉和日高昆布，燉煮讓筍乾吸收湯汁。採用相同食材作為配菜，拉麵整體能呈現統一感。

誠屋 池尻店

「格外樸素的豬骨高湯」味噌醬汁

利用加熱 使味道更香、更融合

以豬骨醬油拉麵聞名的人氣店「誠屋」，在東京設有3家店面，香濃的豬骨拉麵是店內的招牌麵。「店內共熬煮3種不同濃度的豬骨高湯，一面彼此添加混合，一面進行準備工作。好不容易有3種高湯，所以我想活用高湯製作新的醬汁」。店主以適用該店豬骨高湯的「樸素味噌拉麵」為題，首次試作味噌醬汁。濃厚的營業用高湯，若搭配濃郁的味噌醬汁，味道一定太厚重，所以最好搭配清爽的高湯。

「我試過7種味噌，因為味噌混合起來味道會更厚，所以我選擇2種無怪味的米味噌，來構成主要風味」。一開始，店主先決定味噌的大概分量，接著以10g為單位逐漸減少微調。「不過，只是單純混合，味噌的風味太濃，無法和高湯完美融合，所以我決定將它加熱」店主如此表示。他將味噌放在鍋裡混合熬煮，讓味道融合，不過煮得過度，又會破壞風味，所以在調整火候和調整時間上可說煞費苦心。

◆材料

酒…500mℓ

八丁味噌…100g
西京味噌…100g
米味噌（紅）…500g
米味噌（白）…500g

黑糖…50g
炒芝麻…30g

醬汁的研發構想及店家介紹在第94頁

◆作法

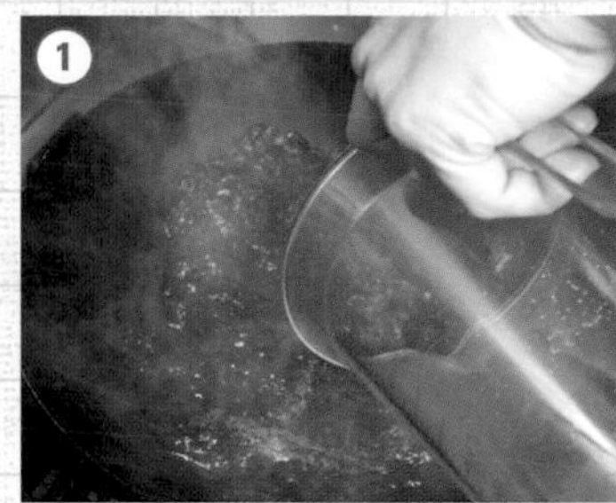

在中式炒鍋裡倒入酒，加熱讓酒精揮發。

酒精揮發後，一次加入4種味噌。

point 1 味噌

為了製作出樸素、順口的味噌拉麵，選用2種無特別異味的米味噌作為基本材料。八丁味噌和西京味噌，不但風味、味道濃郁，還能增加湯頭的甜味，所以也使用。

用圓杓一面讓味噌慢慢溶解，一面混合，圓杓抵住鍋底般來混拌加熱味噌。

point 2 加熱勿過度

加熱能使味噌的鹹味變溫潤，但加熱過度會破壞味噌的風味，所以加熱至整體融合即可，請勿加熱至沸騰。

若味噌已混勻，熄火，加入黑糖和炒芝麻混合，利用餘溫讓味道融合。

point 3 黑糖

只有味噌的甜味，還不太夠，這時需加入黑糖增加甜味，黑糖比砂糖的甜味重，能呈現濃醇的風味。

倒入容器中，放在常溫中靜置一天即完成。

point 4 加熱後放涼

味噌加熱後，放涼，味道會更融合，也能增加味噌的風味。

「味噌拉麵」的作法

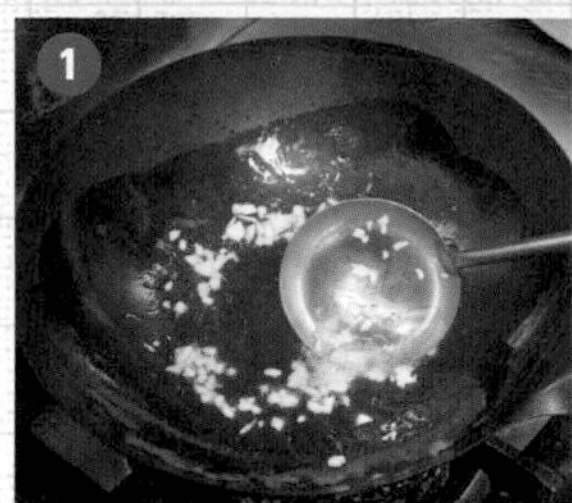

用大火加熱豬油，放入切粗末的大蒜和生薑爆香。

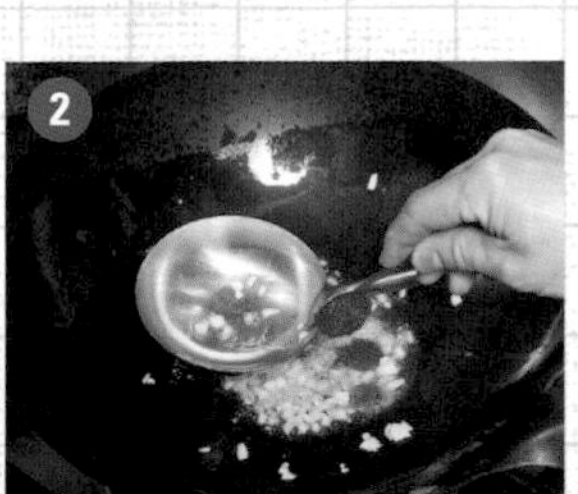

散出香味後，加入豆瓣醬，放入豬絞肉拌炒。

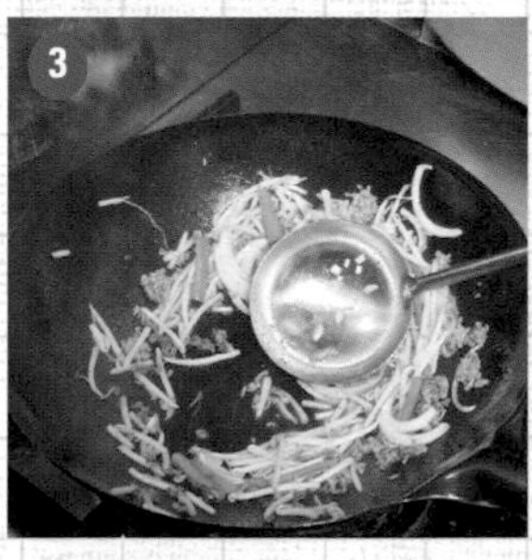

肉炒熟後，加入胡蘿蔔絲、洋蔥片和黃豆芽，輕輕拌炒。

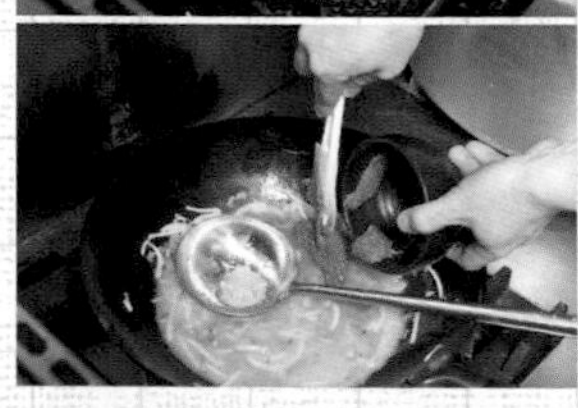

倒入高湯，溫度稍微降低後，加入味噌醬汁混勻。

加入單味唐辛子和鮮味料，混勻後熄火。最後撒入山椒即完成。

新研發 味噌拉麵

這是在甜味味噌醬汁中，以豆瓣醬、單味唐辛子、山椒等辛香料調味的味噌豬骨拉麵。湯頭與彈牙的粗直麵充分交融，還添加大量的炒青菜，分量令人飽足。

★基本配方★

味噌醬汁…100g
豬骨高湯…450mℓ
豬油…35g
大蒜…10g
生薑…10g
豆瓣醬…5g
豬絞肉…60g
胡蘿蔔（切絲）、黃豆芽、洋蔥（片）…各一小撮
單味唐辛子…3g
鮮味料（「味之素」）…3g
山椒…撒2次

味噌醬汁

豬油、菜料

用大火快炒胡蘿蔔、洋蔥和黃豆芽，保留食材的爽脆口感，選用味道香濃的豬油來炒，再加上絞肉的鮮味，使風味更香濃醇厚。調味用的生薑和大蒜，也特意切粗末，以保留口感。雖然也可以磨成泥再使用，但是不論在風味或口感上，切粗末吃起來都略勝一籌。獨特的清脆口感，成為拉麵一大特色。

麵條

採用彈牙、水分多的直麵。口感Q韌的粗麵，也能和味噌與香辛料風味濃厚的高湯充分交融。

豬骨高湯

店內營業用的豬骨高湯，是以豬大腿骨為主材料，加入背骨、豬頭、雞骨、青蔥和昆布熬煮而成。熬煮高湯時使用3個桶鍋，除了有濃厚豬骨鮮味的營業用高湯外，還有味道稍淡的副高湯（調整營業高湯濃度用），以及最淡的第3道高湯（調整副高湯的濃度用），3種高湯一面混合補充，一面準備營業所用。不過，這次的味噌醬汁中，濃度高的營業用高湯太濃郁，所以混入第3道高湯（左圖）。第3道高湯的作法，是將生骨放在副高湯的桶鍋中，熬煮4小時，之後，將煮過的骨頭撈出放入營業用高湯的桶鍋中，加入清水煮4小時即成。這種作法是考慮到豬骨高湯的鮮味和醬汁的味噌風味，兩者能靈活保持平衡。

調味料、香辛料

為避免高湯的味道太單調，加入單味唐辛子和山椒2種香料及豆瓣醬。豆瓣醬不只有辣味，還有鹽分，能使高湯更濃郁夠味。經熱炒後散發的香味，也很受顧客喜愛。

江戶前煮干中華拉麵 Kimihan

「突顯海鮮風味的高湯」味噌醬汁

以最少的味噌量 製作無味噌感的醬汁

「Kimihan」是人氣店「TETSU」集團經營的另一品牌。這次，將介紹呈現「日式風味」，適合搭配該店魚乾高湯的新味噌醬汁。

突顯魚乾風味的「無味噌感」味噌醬汁，是店主小宮一哲先生研發的目標。他認為「高湯才是主角」，因此這次試作的味噌醬汁，味噌味不能勝過高湯。味噌的使用量採取最少量，不足的鹽分以高湯醬油補充。魚乾風味的高湯中，混入味噌醬汁後，因為缺少讓人意猶未盡的拉麵風味，會變得好似味噌湯一樣，所以研發過程中，還需加入鮮味料和三溫糖來調整味道。而且加熱時，煮沸的時間點也很重要，正確的時間點能讓味噌味揮發，完成風味柔和的醬汁。

「味噌當作調味料很好運用，但本身要表現特色卻很難」小宮先生說道。這次，該店所用的魚乾油中，還加入富蔥香味的「香蔥油」，將油與高湯、醬汁一起加熱混合，就完成了「Kimihan」風格的拉麵。

▶醬汁的研發構想及店家介紹在第95頁

◆材料

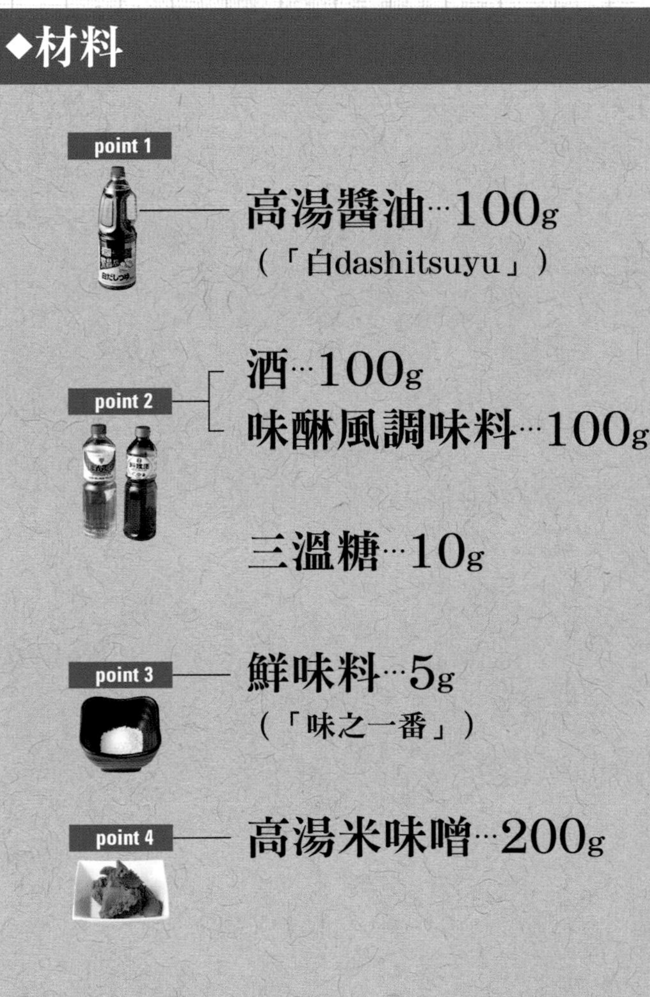

point 1
高湯醬油…100g
（「白dashitsuyu」）

point 2
酒…100g
味醂風調味料…100g

三溫糖…10g

point 3
鮮味料…5g
（「味之一番」）

point 4
高湯米味噌…200g

◆作法

「味噌拉麵」的作法

在平底鍋中加熱魚乾油，放入切碎的青蔥。讓蔥爆香到快變金黃色之前，製成香蔥油。

加入味噌醬汁，再繼續煮焦。

若散發出味噌香味，加入高湯。

加入炒過的豬絞肉和生薑泥混合。

倒入已放入蔥花的麵碗中。

point 3　鮮味料

使用鮮味料，是希望完成讓人意猶未盡、停不了筷的風味。原本如味噌湯的味道，能迅速變成拉麵的風味。

point 4　味噌

開設「Kimihan」的「TETSU」集團，認為醬汁就像醬油、味噌或鹽，「是料理的調味」。這個醬汁也是基於相同的看法，主角是高湯，醬汁是擔任襯托它的角色。風味濃郁的味噌，會影響重要的高湯風味，所以選擇味道不強烈，一般價錢的味噌即可。

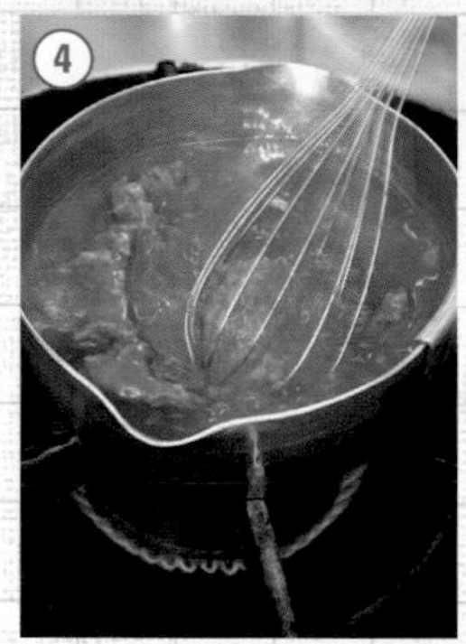

再以中火加熱，用打蛋器充分混合使其溶解。

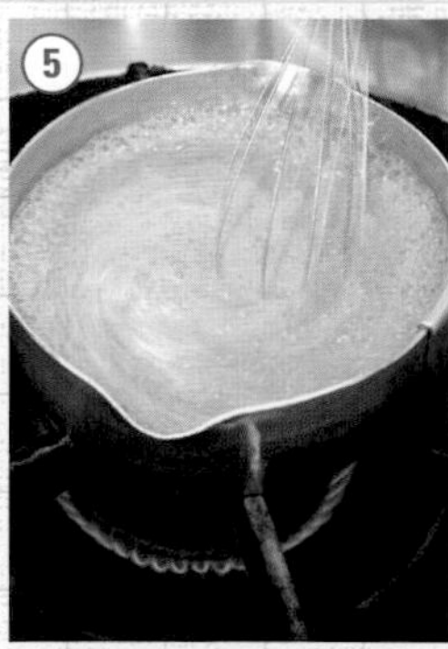

煮開一下，讓材料全部溶解後，離火。放入冷藏室靜置一晚即完成。

point 5　煮至滾沸

若想呈現味噌的風味，最好不要煮沸它，因為這次醬汁不是主角，所以刻意將味噌煮沸，讓味道融合。

在鍋裡混合高湯醬油、酒和味醂風格調味料。

point 1　高湯醬油

主角是高湯，醬汁的味噌味道不能顯現出來，作法是減少味噌的分量，並加入高湯醬油來補足缺少的鹽分。為避免色澤太深，要選用淺色的高湯醬油。

point 2　容易計量

醬汁一旦近似固體狀態，計量時容易產生誤差。加入味醂、料理酒等液體調味料，還具有稀釋醬汁使其好計量的作用。

以大火加熱，讓酒精成分揮發。

熄火，加入三溫糖、鮮味料，及摻入高湯的米味噌。

新研發 味噌拉麵

運用恰當的味噌香味，充分表現海鮮高湯的風味。味噌與高湯完美融合，湯頭味道更溫和，順口美味。加入生薑給人清爽的感覺。

★基本配方★

味噌醬汁…40mℓ
高湯…400mℓ
魚乾油…22mℓ
青蔥（蔥油用）…適量
豬絞肉（炒過的）…適量
薑泥…適量

味噌醬汁

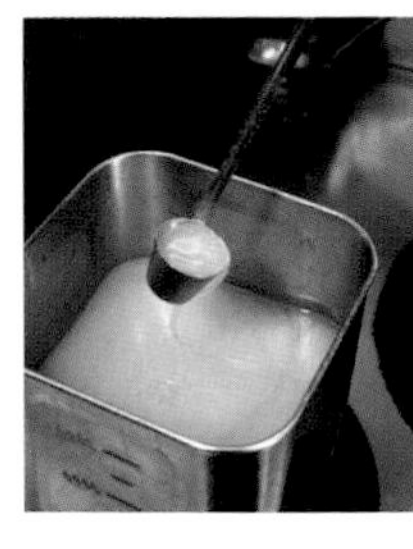

魚乾油

「Kimihan」使用具有濃郁魚乾香的香味油。以製作高湯時用過的3種魚乾和豬油製作。該店每次供應拉麵時，以魚乾油爆香青蔥製成「香蔥油」，再分別加入味噌醬汁中。

豬絞肉

豬絞肉不調味，僅炒熟。在以魚為主材料的高湯中，以豬絞肉添加肉類的濃醇味。若使用肉味濃郁的高湯的話，不加豬絞肉也行。

高湯

拉麵採用「Kimihan」的營業用高湯（左圖）。它是以雞骨為湯底，加入大量的魚乾和柴魚，用一個桶鍋熬煮出的「芳香」高湯。大量使用不同油脂的3種魚乾（2種日本鯷魚魚乾、1種竹筴魚乾），再混合青花魚魚乾、鰹魚乾，熬煮出芳香濃醇的高湯。整體大約煮8小時，為了只取魚乾的鮮味，到最後階段才放入。適中的醬汁味噌香與甜味，更加突顯海鮮的風味。

配菜

肩里脊肉叉燒、筍乾、蔥花和蘿蔔苗。考慮和麵條的粗細度及高雅的高湯保持平衡，筍乾切細後再使用。

麵條

「Kimihan」所使用的麵條，是向「村上朝日製麵所」特別訂製的。考慮方便站著食用，麵條只要水煮1分鐘就能完成。切齒22號、含水率38%，喉韻滑順。

薑泥

生薑清爽的風味使高湯風味更出色，還增添薑的香味。

味噌拉麵、水餃子 **醉亭**

「重視味噌的香味」
味噌醬汁

改用含水量高的自製麵條之前的味噌醬汁

這道味噌醬汁雖是試作品，不過它也是該店以前用過的配方。在改用自製麵之後，此味噌醬汁的配方也隨之改變了。

以下介紹的味噌醬汁，是該店訂購麵條時期使用的配方。訂購的麵條，為含水率38%～40%，切齒18號的直麵。直到四年前該店才改用自製麵條，為了更適合搭配味噌拉麵，改用含水率42%、切齒16號的粗麵。在此同時，也有不少顧客提出希望增加配菜中蔬菜量的要求。因此該店決定一人份多加160g配菜，以黃豆芽、包心菜為主，再加韭菜、胡蘿蔔、白蔥、絞肉等，實際上一碗麵的總重量增加200g。為配合改變，味噌醬汁也做了調整。麵的含水量增加，蔬菜也增加，所以味噌醬汁的味道也要變濃。

味噌的種類和比例不變。味噌是使用北海道產的「紅一點」和「微笑紅一點」（均為岩田釀造）這兩種產品。比例是紅一點一箱（10kg）搭配微笑紅一點一袋（1kg）。以一箱加一袋製作，味噌不必另外計量。

▶醬汁的研發構想及店家介紹在第96頁

◆材料

昆布高湯…1200mℓ
洋蔥…1kg
胡蘿蔔…500g
生薑…300g
大蒜…700g
蘋果…500g
豬油…1.8kg
清酒…200mℓ
芝麻油…1000mℓ
叉燒醃漬液…1000mℓ
鮮味料…400g
（「味之素」）

point 1 粗鹽…500g
point 2 芝麻粉（白）…150g
單味唐辛子…30g

point 3
紅味噌…10kg
（「紅一點」）
白味噌…1kg
（「微笑紅一點」）

◆作法

將浸泡一晚的昆布加熱。煮沸後取出昆布。

在1的醬汁中，加入溶化的豬油、清酒、芝麻油和叉燒醃漬液後加熱。豬油充分後，加入切末的蔬菜。

以中火慢慢加熱，不時混拌，以免焦底。使用大的平木匙混拌。快煮開前加入鮮味料和粗鹽混合。

point 1　注意鹽的保存

店家採用有甜味的粗鹽。不過，鹽容易吸收濕氣，不同的季節，即使相同的使用量，味道也易有差異，所以鹽要放在濕度穩定的製麵室中保存。

煮沸後熄火。這個階段加入芝麻粉和單味唐辛子混合。

point 2　自製芝麻粉

芝麻粉為該店自製品。以中式炒鍋乾炒後，放入食物調理機中打成粉。炒過攪成粉，風味別具一格，因此該店決定自製，不使用市售品。

混合白味噌。在大碗中放入白味噌，先取一些湯汁倒入，用打蛋器充分混勻再倒回鍋中。

point 3　白味噌1袋和紅味噌1箱

白味噌不易混勻，先放在大碗中混合後，再倒回桶鍋中。

一口氣放入紅味噌。以木匙柄做緩衝，以免湯汁濺出。保持熄火狀態，先充分混合。

再次開火，以中火加熱，一面慢慢混拌，一面用木匙抵住鍋底攪拌，以免焦底。一開始混合時，表面呈顆粒感。

繼續混拌，表面的油融入其中看不到後，表面也變得極細緻。混拌時間大約8～10分鐘。加熱過度的話，味噌風味會隨蒸氣揮發，加熱時需慎重。

味噌醬汁若能黏附在鍋壁上時，就表示整體融合了。熄火後，將鍋子浸泡在水中，讓它稍微放涼，接著冷藏。冷藏1小時後再混合，若味噌醬汁變涼凝固後，就停止混合。密封冷藏保存10～14天後再使用。

新研發 「味噌拉麵」

這道拉麵追求和札幌味噌拉麵截然不同的味道。不至偏油膩，散發誘人食欲的味噌香味。而且，不變的是以嚐到濃郁高湯，蔬菜的風味為目標，而非濃厚的味噌味。讓使用高含水自製麵之前，蔬菜量約少20g的味噌拉麵重現風貌。

★基本配方★
味噌醬汁…70g
高湯…450mℓ
炒過的絞肉…40g
炒過的蔬菜…120g

味噌醬汁

該店一次會準備20kg的味噌醬汁。各10kg分別放在2個42吋半桶鍋備用。分2個桶盛裝不必擔心煮焦。使用時，先在麵碗中放入味噌醬汁。將麵碗隔水加熱，連同麵碗中的味噌醬汁一起加熱備用。將味噌醬汁和已加熱、容易融合味噌醬汁的高湯混合。

配菜

包括炒過的黃豆芽、絞肉，和用高湯煮過的包心菜。煮過的生豬肩里脊肉，用濃味醬油、淡味醬油和酒等混合的醃漬液醃漬，製成叉燒肉。這個醃漬液也能作為味噌醬汁的材料。

高湯

比起濃郁度，製作這個高湯時更重視風味。將豬腳、豬的大腿骨、背骨、雞身骨和黃豆，用水煮後洗一次，再切開。將這些材料用昆布高湯熬煮，以不滾沸的火候來熬煮高湯。在另一個鍋裡煮包心菜、洋蔥、蔥、胡蘿蔔和生薑，將這些倒入第一個鍋裡再煮2小時即完成。事先花點時間將豬骨、雞骨切小塊，才能在短時間熬煮完成。

高湯的烹調

用少量的豬油炒黃豆芽後取出。續炒豬絞肉，在其中倒入高湯，加入包心菜，包心菜煮熟後，只將鍋裡的高湯，倒入已加熱裝有味噌醬汁的碗中。放入煮好的麵條，剩下的菜料和炒過的黃豆芽混合後，製成配菜。

熱門店的醬汁大公開!!

本章將介紹熱門拉麵店與目前高湯組合的
醬汁材料和作法，要製作成何種味道的醬汁，
以及說明要如何加以改良。

69 'N' ROLL ONE

「表現醬油的活潑風味」醬油醬汁

以減少味道和加熱發揮生醬油的風味

「比內地雞」高湯和生醬油醬汁混合的「2號拉麵」，簡單中能嚐到無限美味。店主嶋崎順一先生開發「2號拉麵」時，就構想將高湯的比內地雞鮮味，以及醬汁的醬油風味，兩者都明顯的表現出來。為表現風味感和高湯的單純感，醬油醬汁中選用香味豪華的生醬油，目的是將生醬油的香味直接活用在醬油醬汁中。

活用生醬油的重點，是先除去多餘的部分，以減法來調製風味。除了醬油外，還加入調味料，但那些只是用來調味，味道大概還是由3種生醬油構成。

另一項重點是加熱的溫度。沒加熱的生醬油風味較佳，相對的卻會提早劣化。以適當的溫度加熱，穩定的讓它發揮風味，但到底需要加熱到幾度，醬油才會變質呢!? 嶋崎先生從59℃開始，一步步摸索出發展理想熟成的溫度。

▶醬汁的研發構想及店家介紹在第97頁

◆材料（※分量非公開）

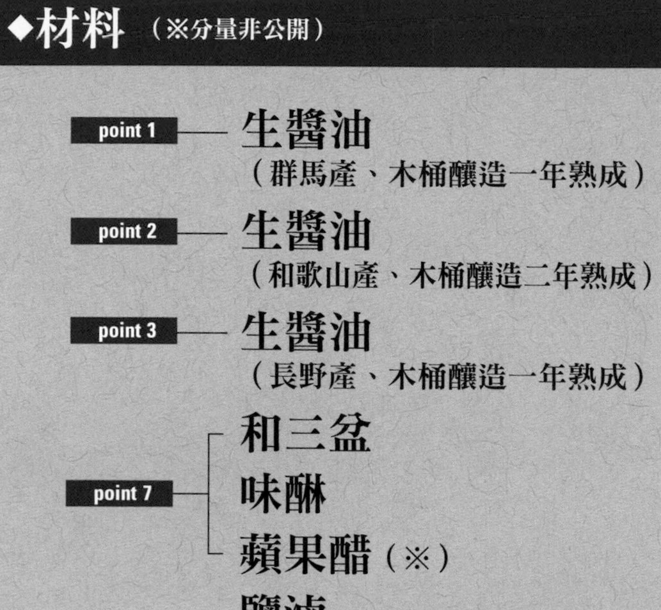

※蘋果醋
這是蘋果醋中，混入蜂蜜、蜂王漿和高麗參等，也可作為健康飲料的產品。

◆作法

①

在桶鍋裡放入生醬油（群馬產、木桶釀造一年熟成），點火。使用耐酸性的鉬製作的桶鍋。

point 1 生醬油（群馬產、木桶釀造一年熟成）

混合3種木桶釀造的生醬油，形成複雜的味道。圖中群馬產的生醬油自開業之初，就作為該店的重心風味。特別甘醇濃郁，舌尖能感受到豪美的風味，第一口就令人感到震撼。

②

倒入生醬油（和歌山產、木桶釀造二年熟成）。

point 2 生醬油（和歌山產、木桶釀造二年熟成）

此醬油經2年熟成，味濃甘醇，能表現味道的餘韻。

③

加入生醬油（長野產、木桶釀造一年熟成）。

point 3 生醬油（長野產、木桶釀造一年熟成）

從醬油的整體量看，這種醬油的分量最少，不過在強化醬油及細緻風味上不可或缺。

④

慢慢的熬煮約40分鐘，加熱至設定的溫度。不時，用大的攪拌器將鍋裡材料慢慢的混合。

point 4 加熱

未經加熱處理的生醬油，加熱能使狀態穩定，但加熱的溫度非常重要。釀造廠建議從「用59℃加熱40秒」開始，現在以稍微高一點的溫度加熱。因為溫度太高，風味會散失，若溫度太低，加熱後需花時間熟成，所以嶋崎先生不斷研究適當的臨界溫度。

point 5 溫度慢慢上升

不是用大火一口氣加熱，而是從小火到中火漸升火力，花時間加熱至所需的溫度。使生醬油慢慢的經歷各種溫度，進行良質熟成。

point 6 加熱醬油

透過加熱，醬油會散發出香味。因此需要用瓦斯加熱，而不用隔水加熱方式或電磁爐，外火也要能達到鍋子的側面。但是，同一位置一直持續受熱，會使醬油變得太香，所以過程中，可用打蛋器慢慢的如畫圓般混拌。

⑤

在醬油中，依序加入和三盆糖（上圖）、本味醂和蘋果醋（下圖）。蘋果醋配方中還加入蜂蜜、蜂王漿等。

point 7 加入少許甜味和酸味

醬油中加入微妙的甜味和酸味，使其產生味道的餘韻。選用的所有調味料都是味道豐裕的優質品，少量使用。

⑥

達到設定的溫度後，熄火，蓋上報紙，用繩子綁好，放涼。

point 8 鎖住香味

為了鎖住香味，一定得加蓋、放涼。用保鮮膜覆蓋，附在上面的水滴滴落，會使醬汁劣化，所以用能吸收多餘水分的報紙覆蓋。而且，在常溫中放涼也很重要。和加熱時一樣，慢慢的使溫度下降，才能使醬汁達到良好熟成。

⑦

變涼後加入少量鹽滷。倒入容器中，在常溫下，冬天讓它熟成3～4天，夏天熟成1天半～2天後，放入冷藏室保存。熟成期間，嚐味道來決定熟成狀態。

point 9 鹽滷

加入鹽滷能使味道變溫潤。

⑧

使用的前一天，倒入有田燒的醬汁壺中。味道會變得更圓潤。

2號拉麵 800日圓

這道拉麵在突顯雞和醬油各別風味的同時，也讓它們完美調和，呈現清而不濁的風味。浮在表面的雞油更提升香味。高湯和醬汁視各別不同的狀態，來調整混合的分量。

醬油醬汁…30mℓ
高湯…300mℓ
雞油…18mℓ+11mℓ
蘋果泥…少量

醬油醬汁

蘋果泥

混合少量蘋果泥，以增添水果風味。

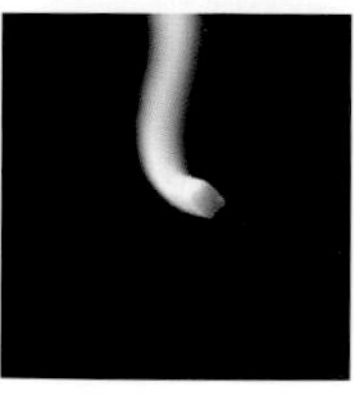

麵條

麵條採用數種日本產小麥粉混合製作，小麥的香味與甜味充滿魅力。切齒為20號，含水率35～37%。麵條的剖面（圖片）呈長方形，以方便裹取高湯。

配菜

低溫真空烹調的柔嫩雞胸肉，伊比利豬Bellota（伊比利豬中，明確規定在畜牧期採放牧，並餵以橡實等的豬隻）的五花叉燒肉、嫩筍乾、栃木產的軟白蔥「白美人」的蔥白部分（切條和切末）、蔥綠部分（切蔥花）。青蔥的蔥白部分在麵碗中混合，倒入高湯使其散發香味。能作為配菜的切條部分，和能散發更多香味的切末部分混合使用。

高湯

高湯主要材料為比內地雞骨，再加入雞爪和全雞來熬煮，味道純粹、香醇。從清水開始，慢慢的以小火熬煮，在熬煮的6小時中，火力調整不下50次，來充分提引雞的鮮味。水使用已去除雜質的純水。

雞油

雞油是從準備階段的高湯中取出。雞油取出的時間太早，味道不夠濃郁，若太晚又會氧化。目前，該店是高湯在達80℃後約經2個半小時，趁香味最濃、狀態最佳時取出。完成時，將18mℓ的雞油放入麵碗中，讓雞油與高湯融為一體（左圖），11mℓ最後淋在表面（右圖）。重點是先放入雞油，再倒入醬油醬汁，這樣醬油便能裹住油，使高湯更添濃郁美味。淋在表面的雞油，則能大幅提升食後的印象。

Setaga屋 本店

「加強濃郁的鮮魚高湯」醬油醬汁

巧妙並用鹽 提引出高湯風味

「Setaga屋」的招牌商品醬油拉麵，是以豬大腿骨為湯底的肉類高湯，組合鮮濃香醇的海鮮高湯。具有增加香郁高湯風味的醬油醬汁中，共使用了4種醬油。店主前島司先生表示「我以淡味和濃味醬油為重心來營造風味」。為了呈現濃郁的美味，還加入再釀造醬油等來增強美味。

準備階段時，便預先在桶鍋中混合以醬油為主的調味料及香味蔬菜，放置一晚後再加熱。這麼做，不僅能提引出食材更多的美味，還能使味道融合，拉麵完成後具有整體感。

「Setaga屋」善用海鮮高湯，該店拉麵中的醬油醬汁也兼用鹽來調味。「鹽和醬油的比例不同，醬油醬汁能給人的印象也大異其趣。鹽的比例增加，能突顯高湯風味，消除醬汁的衝擊感。相對的醬油的味道較重，高湯的味道會變模糊，使醬汁的存在感增強」。富油脂或大分量的拉麵中，適合使用後者的醬汁。

醬汁的研發構想及店家介紹在第98頁

◆作法

在桶鍋中混合elen水、淡味醬油、濃味醬油、濃味醬油（「下總醬油」）、再釀造醬油、味醂、醋、黃砂糖、乾香菇、辣椒和薑片，靜置一晚。

point 1 水

使用透過陶瓷過濾過的elen水。這種水的水分子團（cluster）變小，滲透性和溶解性變佳，更易呈現高湯的風味。該店的所有分店也使用相同的水。

point 2 醬油

醬汁中混合了4種醬油。主要的味道來自淡味和濃味醬油，另外加入2年熟成的濃味醬油「下總醬油」及再釀造醬油，以補充不足的濃度與厚味。其中，長時間熟成的「下總醬油」，馥郁的香味和如醬油般純粹的味道，為醬汁帶來濃烈誘人的風味，具有使醬汁更具特色的作用。

point 3 香味蔬菜

為了增強香味，加入生薑和辣椒。

翌日加熱，煮沸後，火稍微轉小，舀除浮在表面的浮沫雜質。

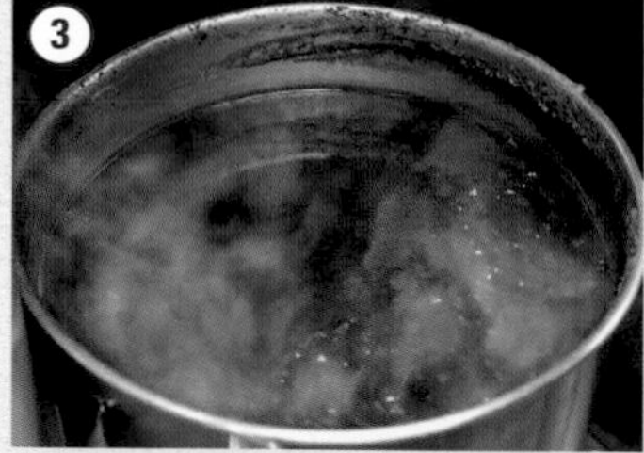

斟酌火候，讓湯汁滾沸只有氣泡上冒的程度，熬煮1小時。

point 4 慢慢加熱

加熱的重點是，勿在短時間內快速煮沸，花時間慢慢熬煮，才能提引出食材的味道。

加熱1小時後熄火，取出乾香菇、生薑和辣椒。取出時，要徹底擠乾其中所含的醬油。

加入鹽和鮮味調味料，一面混合，一面利用餘溫使其溶化。

point 5 鹽

醬油醬汁中鹽的比例較高，能襯托出高湯，減少衝擊感，該店希望突顯海鮮高湯，所以採用較高比例的鹽。該店選用有明顯鹹味又兼具甜味，深受喜愛的「越南慶和省生產的鹽」。

point 6 鮮味料

不同的商品（成分），鮮味料的味道也不盡相同，該店的醬汁中，是使用能產生濃郁鮮味和厚味的「haimi」。在該店希望突顯鹹味的菜單中，還分別使用不同的其他商品等。

放入本枯柴魚稍微混合。這時，調整步驟3的加熱時間，讓熬煮到最後能剩28.5ℓ。隨著加熱，完成時大致有此分量。在常溫中放涼，再放入冷藏室至少一晚，加入上次少量剩餘的醬油醬汁後即可使用。

point 7 本枯節柴魚（魚粉）

使用柴魚並非想要有香味，而是希望能有濃縮後的魚鮮味。該店特別訂購香味瞬間散發後，能取得濃烈魚鮮味的柴魚粉，不經過濾直接使用。選用的本枯節柴魚，香味及鮮味在柴魚中都是最濃郁的。

point 8 添加的時間點

在味道融合之前，就加入上次剩餘的醬油醬汁，是造成醬汁走味的原因。靜置至少一晚讓味道融合後再混合，能使味道保持統一。

point 9 使用時的溫度

營業使用時，醬汁的溫度保持在30℃。高於這個溫度會使水分蒸發，味道劣化。原希望在涼的狀態下使用，但因為會影響高湯的溫度，所以設定最低的加熱溫度。

拉麵 700日圓

這是散發濃郁海鮮高湯香味和鮮味的醬油拉麵。芳香誘人的烤叉燒肉和富存在感的極粗筍乾等，連配菜也具有和高湯平分秋色的個性。

★基本配方★
醬油醬汁…27mℓ
高湯…350mℓ
鰹魚油…18mℓ

醬油醬汁

鰹魚油

用豬油炸宗太鰹魚乾，將香味釋入油中製成香味油。加入此油海鮮風味更明顯。

麵條

以日本產小麥製作，味道芳香的中細捲麵。切齒為18號、含水率38%。

高湯

魚高湯是以脂眼鯡魚（Etrumeus teres）魚乾和宗太鰹魚乾熬煮而成，具有濃郁鮮味和風味。先將豬大腿骨為主的高湯材料，包括雞骨、豬皮、豬腳、雞爪和香味蔬菜（大蒜、生薑、青蔥）等熬煮8小時，製成白濁的肉類高湯，再混入以其他鍋子熬煮的魚高湯，即完成營業用的高湯。另外還加入本枯節柴魚風味的醬汁及鰹魚油，使高湯散發濃郁的海鮮芳香。

配菜

包括以豬肩肉製成的烤叉燒肉、筍乾、海苔、青蔥和魚板。叉燒肉以碳火烤過，香味十足。另選用具存在感的極粗筍乾，其美味與濃郁的魚高湯相得益彰。

中華麵處　道頓堀

「善用山形產醬油的香味」醬油醬汁

消除醬油的濃嗆味 提引出香味與風味

「道頓堀」令人百吃不厭的中華拉麵，多年來一直牢牢擄獲老主顧的心。用於「中華拉麵」中的醬油醬汁，製作重點在於「充分活用精選醬油的香味和風味」。醬汁中以2種淡味醬油為主，包括店主庄司武志先生故鄉山形產的「花笠醬油」等，製作出湯頭清澄的中華拉麵。「開幕當初我們就開始使用花笠醬油。它的味道香醇，雖然濃郁卻很柔和。我希望能呈現近似山形拉麵的風味，而花苙醬油是家鄉拉麵醬汁中不可或缺的」庄司先生說道。

活用醬油原來香味的製作要點是，加熱時得小心不能煮沸，一面消除醬油的濃嗆味，一面充分提引出醬油的香味與風味。只使用淡味醬油的話，味道略嫌不足，所以加入少量含濃味醬油的叉燒醬汁來加以補充。之後約需靜置1週的時間，如此就能製作出具優質醬油的淡淡芳香，風味獨特圓潤的醬汁。

▶醬汁的研發構想及店家介紹在第99頁

◆材料（※分量非公開）

point 1
- 淡味醬油（「花笠醬油」）
- 淡味醬油（「萬兩醬油」）

- 叉燒醬汁（※）
- 水

point 2
- 厚鰹魚乾（本節）
- 魚乾
- 日高根昆布

- 大蒜（橫切剖半）
- 生薑（切片）
- 青蔥的蔥綠部分

point 3
- 酒
- 味醂（「九重櫻」）
- 醋

- 鹽（「伯方的鹽」）
- 白胡椒

※叉燒醬汁
醬汁是用山形產的濃味醬油、生薑和青蔥的蔥綠煮豬五花肉後的湯汁，舀除油脂後再使用。

◆作法

1 在桶鍋中倒入用淨水器濾過的水、叉燒醬汁（上圖）、山形「花笠醬油」（中圖），以及千葉「萬兩醬油」（下圖）混合。

point 1 淡味醬油

店主以故鄉山形具有清澄湯頭的拉麵為範本。為製作淡色澤高湯的清澄醬油拉麵，他主要選用淡味醬油。山形的「花笠醬油」香濃味厚，且味道甘醇。但是，單用一種醬油味太重，為了不影響山形的醬油，還混入適合關東人味覺，千葉產的淡味醬油。另外，為了補強淡味醬油不足之處，還加入叉燒醬汁。

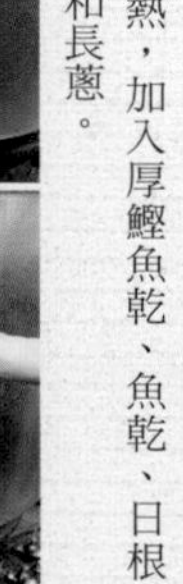

2 以大火加熱，加入厚鰹魚乾、魚乾、日根昆布、生薑和長蔥。

point 2 高湯材料

用於醬汁中的高湯材料，基本上和製作高湯的材料一樣。使用太多樣的材料味道會變混雜，最後不知在表現何種味道。這裡是用能提引美味高湯的根昆布，魚乾用少油脂的產品。

3 冒出熱水後稍微煮一下，續加酒、味醂、醋和鹽。

point 3 調味料

選用愛知三河的本味醂「九重櫻」。優質味醂能產生甜味與鮮味。醋和柑橘類果汁一樣，具有使味道更濃郁的作用。

4 用圓杓攪拌使鹽溶化。過程中舀除浮沫雜質。

point 4 勿煮沸

熬煮高湯過程中一旦煮開，精選醬油的香味就會揮發散失，請用小火來煮，注意別煮沸。

5 桶鍋周邊的水若已開始滾沸，先關掉外火，只用小的內火約煮5分鐘。

point 5 煮沸後轉小火約煮5分鐘

一面注意別一直沸騰，最後用5分鐘徹底提引出食材的美味。

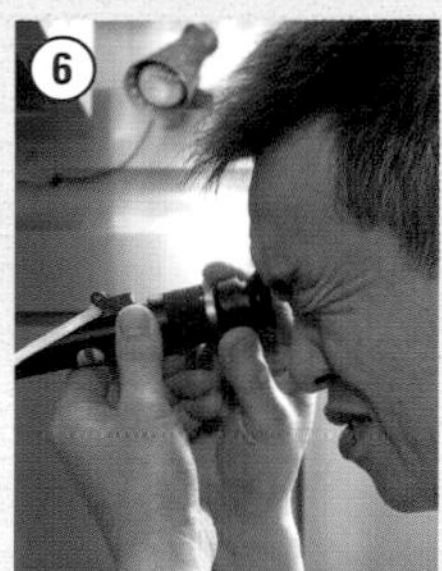

6 以鹽分計測器來計量鹽分。20%為最佳。同時嚐嚐看，需要的話，可加入其他調味料調整。

point 6 確認鹽分濃度

調整拉麵整體的鹽分，會影響美味度。醬汁的鹽分不必計量，最好保持18～20%的分量。

7 加入白胡椒增加香味後熄火。

8 加蓋，以免香味散失，材料放在鍋中約靜置半天時間。

point 7 直接靜置半天

靜置半天時間，高湯會更加美味。

9 用濾網撈出所有材料，在常溫下靜置1週時間。

point 8 靜置1週

靜置之後，能消除醬油的濃嗆味，味道變得溫潤。

中華拉麵 650日圓

散發怡人醬油香的清澄高湯中，搭配著叉燒、魚板、蔥等配菜，呈現樸素又深邃的美味。組合高含水率的彈牙自製麵條也非常對味。

★基本配方★
醬油醬汁…36mℓ
高湯（加入香味油）…500mℓ
雞油…適量
柴魚粉…適量

醬油醬汁

麵條

使用切齒15號、含水率40％的中粗直麵。

配菜

豬腿肉叉燒、海苔、筍乾，魚板、青蔥。

柴魚粉

鰹魚、青花魚、宗太鰹魚等柴魚和魚乾粉混合而成，以細目網篩過濾。

高湯

採用散發魚乾風味的雙味高湯。肉類高湯的作法是，將煮沸過、去除浮沫的豬大腿骨、豬腳、雞骨和雞爪，放入水中煮開，舀除浮沫雜質，加入大蒜、生薑、青蔥的蔥綠部分和洋蔥，約熬煮7小時後過濾而成。另外以魚乾為主，加入柴魚和宗太鰹魚乾熬煮和風高湯，在營業前，將和風和肉類高湯混合，即完成營業用高湯。肉類的骨類要分別煮沸，舀除浮沫雜質，以消除腥臭味。另外熬煮的和風高湯，要在營業前才和動物高湯混合，這樣高湯完成後才能充分發揮和風高湯的香味與鮮味。營業用高湯中，分別加入少量的香味油（請參照下文）再使用（圖片是加入香味油的狀態）。

香味油

在準備高湯的過程中，舀取雞和豬兩者釋出的油，在其中混入豬油，放入宗太鰹魚乾和香味蔬菜加熱，讓油增加香味。營業用高湯中分別加入少量香味油後使用。

雞油

在熬煮高湯初期階段，湯面會浮現雞油，舀取從雞肉中釋出的雞油備用。麵碗中放入醬汁、柴魚粉和雞油混合。

西尾中華拉麵

「活用、調和食材的味道」醬油醬汁

展現個別味道 同時追求協調風味

「西尾中華拉麵」是「凪」集團於2009年5月所開設。負責設計菜單的西尾了一先生，以開發每天吃也吃不膩的「中華拉麵」為目標。

「我家的拉麵不同的客人來吃，會留下不同的印象，包括雞肉味、柴魚味、魚乾味、醬油味等」誠如西尾先生所言，高湯中能嚐到各種食材的風味，像是雞肉、魚類、醬汁醬油等，但就整體而言，並沒有一樣味道特別突出，而是呈現調和的風味。

西尾先生在調製醬油醬汁的味道時，也基於相同的觀點，他一面充分發揮醬油、海鮮食材的原味，一面讓任何一種味道都不會太突出，追求分量的均衡與食材釋出味道的程度。不論醬油或鹹味，他都嚴選具有濃郁鮮味與香味、不濃嗆死鹹的產品，並利用酒和味醂來平衡調整。

作法的重點是，斟酌高湯食材在水中浸泡時間和火候，以提引出食材的原味。尤其是加熱時溫度太高，高湯會產生苦味，所以溫度需保持在70℃。

醬汁的研發構想及店家介紹在第100頁

◆材料（※分量非公開）

水

point 2
- 味醂（「福來純三年熟成本味醂」）
- 酒（「廚酒」）
- 米醋（「富士醋」）

point 1
- ◀真昆布（白口濱產日曬昆布）
- 乾香菇（冬菇）
- ◀4粗片柴魚

point 3
- 干貝
- 乾蝦仁

point 4
- 濃味醬油（「菊醬」）

洗雙糖

◆作法

將水、煮過的味醂和酒、醋的混合物、真昆布、乾香菇和柴魚等混合浸泡，在常溫（夏天有時會加入冰塊調整水溫）下靜置11小時。

point 1　高湯材料

選用組合具不同鮮味成分的食材，包括含麩胺酸的昆布、含肌苷酸（inosinic acid）的柴魚，及鳥酸（guanylic acid）的乾香菇。透過鮮味的加乘效果，使高湯完成後，鮮美滋味倍增。昆布採用優質日曬白口濱真昆布，乾香菇是色味濃厚的冬菇，柴魚是味道均衡的枕崎產製品等，每一種都依據味道和使用意圖，仔細精挑細選過。

point 2　調味料

不論醋、味醂或酒，都選用經精心釀造，含極少添加物與雜味，香醇美味的產品。酒的作用在於不讓醬油味太濃烈突出，使整體味道更平衡。

將干貝和乾蝦仁分別泡水，浸漬約11小時。

point 3　干貝、乾蝦仁

加入干貝和乾蝦仁，除了可增加鮮味外，還能呈現和步驟1的材料截然不同的味道。蝦仁具有甜味，貝柱富含琥珀酸，能使味道變得更濃厚。各別泡水後，更易煮出鮮美高湯。

將2的乾蝦仁和干貝，連同水一起倒入1中。

接著，倒入洗雙糖（上圖）和濃味醬油（下圖）。

point 4　濃味醬油

使用小豆島yamaroku醬油的「菊醬」。它是以丹波黑豆為原料，採用杉木桶，遵循古法釀造而成，特色是味道雅致香醇。它是西尾先生偶然經過釀造廠，被遍佈的醬油香及柔和的鹹味深深吸引，於是當場決定使用該醬油。

斟酌火候讓溫度維持在70℃，加熱40分鐘。

point 5　以70℃加熱

溫度太高會產生苦味，所以溫度要維持70℃加熱，在此溫度下，熬煮40分鐘最能煮出美味的高湯。

熬煮40分鐘後熄火，用漏斗型網篩過濾。

立刻浸泡在冷水中冷卻。涼了之後，放入乾淨的保存容器中。放入冷藏室靜置2～3天再使用。

point 6　靜置2～3天

醬汁靜置2～3天，能消除死鹹味，色澤更深濃。據說第2～3週期間最美味。溫度變化是造成香味散失的原因，所以需放入冷藏室保存。

中華拉麵　750日圓

在散發雞和海鮮的鮮美雙味高湯中，組合風味豐富的醬油醬汁，呈現優雅的風味。摻合玉米粉具獨特口感的麵條，使拉麵更具獨特性。

★基本配方★

醬油醬汁…40mℓ
雞高湯…270mℓ
海鮮高湯…90mℓ
雞油…27mℓ
七味唐辛子、柚子…少量

醬油醬汁

麵條

以日本產小麥粉混合玉米粉製作，切齒為26號，含水率約32%的芳香自製麵條。風味優雅的高湯，搭配口感獨特的麵條，出乎意料的調合妙趣，讓人一吃上癮。

七味唐辛子、柚子

用七味唐辛子和柚子皮混合而成。在麵碗中加入似有若無的少量來調味。

配菜

配菜包括豬五花叉燒肉、黃豆芽和青蔥。叉燒並非煮的豬肉，而是每早用烤箱烘烤製作。烤到具有深濃的烤色，使高湯更添芳香美味。

雞高湯

雞高湯以雞身骨和雞爪慢慢熬煮6～7小時，充分提引出鮮味與優雅的風味。作法是將已用水浸泡去腥的雞身骨和雞爪加熱，舀除浮沫雜質後，加入生薑、蔥根部分和蘋果，以穩定的火候熬煮而成。經過濾後，放涼即完成。營業時，依據點單將雞高湯和海鮮高湯（參照下文），以3：1的比例各別在小鍋中混合，經加熱後使用。特色是能嚐到雞與海鮮兩者的鮮味。

海鮮高湯

這是只提取濃郁鮮味，沒有海鮮類食材苦味和腥味的美味高湯。材料包括和製作醬汁時一樣的真昆布、冬菇、粗鰹魚乾、干貝、乾蝦仁和魚乾。將這些材料泡水11小時後，以70℃熬煮40～50分鐘即成。

雞油

雞油是從熬煮2～3小時後的雞高湯中取出。在小鍋中混合加熱高湯時，也能混入雞油一起加熱。

中華拉麵 kadoya食堂

「不破壞高湯的美味」醬油醬汁

善用優質食材 製作醬汁也是相同想法

「kadoya食堂」的中華拉麵，在清澄的醬油醬汁高湯中，富含深妙美味，讓人齒頰留香、一吃上癮。店主橘和良先生不斷思考，如何在大眾化價格範圍內，儘量選用優良材料來製作，以期讓顧客能夠百吃不厭、感到滿足。

製作醬汁時，也基於相同的想法。水也當作食材來考量，經淨水器處理，將水值調整為pH值8.1、硬度76.0後，才拿來熬煮高湯。

用於醬汁中的高湯，是以干貝、乾魷魚和秋刀魚乾來熬煮。高湯中已使用昆布，所以醬汁中的高湯就不採用。使用乾魷魚為的是利用它的濃郁風味。比起所有乾貨一起泡水，分別浸泡後再熬煮，較能熬煮出美味的高湯。

醬油選用小豆島天然釀造1年熟成的濃味和淡味醬油。為達成只用高湯和醬油也能做出美味中華拉麵的目標，醬汁中去除多餘的材料。同時，橘和良先生高湯中也不使用魚乾，而是經過不斷反覆改良，有時增加秋刀魚乾，有時提高雞高湯濃度，最後才完成此醬汁。

醬汁的研發構想及店家介紹在第101頁

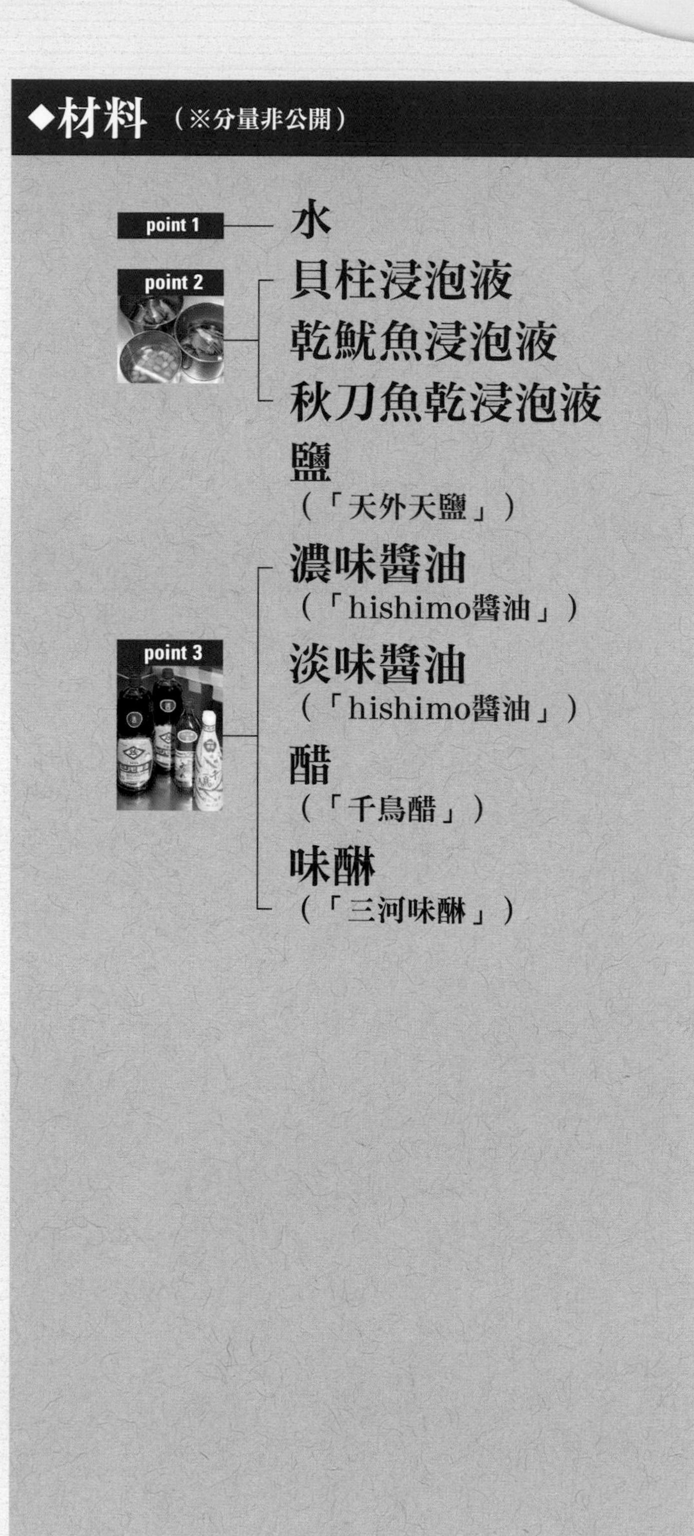

◆作法

將100g干貝以1公升的水浸泡24小時；100g乾魷魚以1公升的水浸泡24小時；200g秋刀魚乾以1公升的水浸泡24小時。

point 1 水也是材料

將水視為重要的材料之一，使用以淨水器濾淨，pH值8.1、硬度76.0的水。

point 2 分別浸泡乾貨

將乾貨分別放在不同的容器中浸泡，以取得浸泡高湯，比起一起浸泡，分別浸泡更易釋出鮮味。

將泡水24小時的干貝、乾魷魚、秋刀魚乾，分別加熱。熬煮到快要煮開前，轉小火再煮15分鐘。過程中，需多次舀除浮沫雜質。熬煮15分鐘後，過濾、混合。

將味醂200mℓ、鹽100g，醋100mℓ混合後加熱，讓味醂的酒精成分揮發，再和2的高湯混合。

在3中混入1200mℓ濃味醬油和600mℓ的淡味醬油。

point 3 勿加熱醬油

採用小豆島天然釀造1年熟成的醬油。加入醬油後，勿再加熱。

加入醬油後，整個桶鍋放入水槽中浸泡，加速冷卻。變涼後，放入冷藏室，靜置1週後再使用。

中華拉麵 750日圓

這道拉麵的高湯色澤清澄、味道醇厚，是肉類與海鮮高湯混合而成的雙味高湯。比起開幕當時的雞高湯，目前所用的海鮮高湯濃度稍微淡一些。

★基本配方★

醬油醬汁…30mℓ
高湯…300mℓ
雞油…15mℓ

醬油醬汁

雞油

熬煮高湯時撈出雞油，立刻以冰塊加以冷卻。隔水加熱時，也要注意避免加熱過度。

麵條

使用中細麵，以100%日本產小麥自製的麵條。

高湯

以肉類與海鮮高湯兩者混合而成的雙味拉麵高湯。肉類高湯以雞為主，包括豬腳、滋賀的淡海地雞、秋田的比內地雞的全雞、雞骨和雞爪，以及用於叉燒的鹿兒島的黑豬肩肉。蔬菜部分只加入少許的生薑，慢慢熬煮而成。為了讓這個高湯也能單獨使用，濃度已調整得比過去淡一些。另外，海鮮高湯的材料有：秋刀魚乾、北海道產昆布、乾魷魚的觸足等。過去會加入魚乾熬煮，但鹽分易有偏差，所以目前已不使用，海鮮高湯的濃度也比以前略淡。目前的醬油醬汁已經過改良，正適合搭配此高湯。

戶越 拉麵enishi

「添加鮮味與複雜的風味」醬油醬汁

製作無法單純用言語訴說的複雜美味

該店的「拉麵（和風高湯醬油）」，能讓人感受高湯風味及香醇的醬油味，味道雅致、深具震撼感，美味得令人停不了筷。該店不使用鮮味料，完全善用食材的原味來營造美味。

由於不使用鮮味料，所以用醬油醬汁來增加鮮味成為製作的重點。醬汁的特色是，除了使用大量昆布形成濃厚的鮮味外，還加入蠔油、魚醬等具有獨特風味和鮮味的調味料，讓鮮味複合產生「複雜度」。過去直接在鍋裡混合的乾香菇，自2011年起改採獨特的創意作法，先製成糊狀的香菇高湯後再加入，使鮮味大增更具震撼力。

醬油也同時採用2種產品。最初不僅用生醬油，還用濃味醬油，店主被生醬油特有的純粹風味深深吸引，自2年前開始使用，但為了保有材料的原味，要注意在任何階段都不能加熱過度。

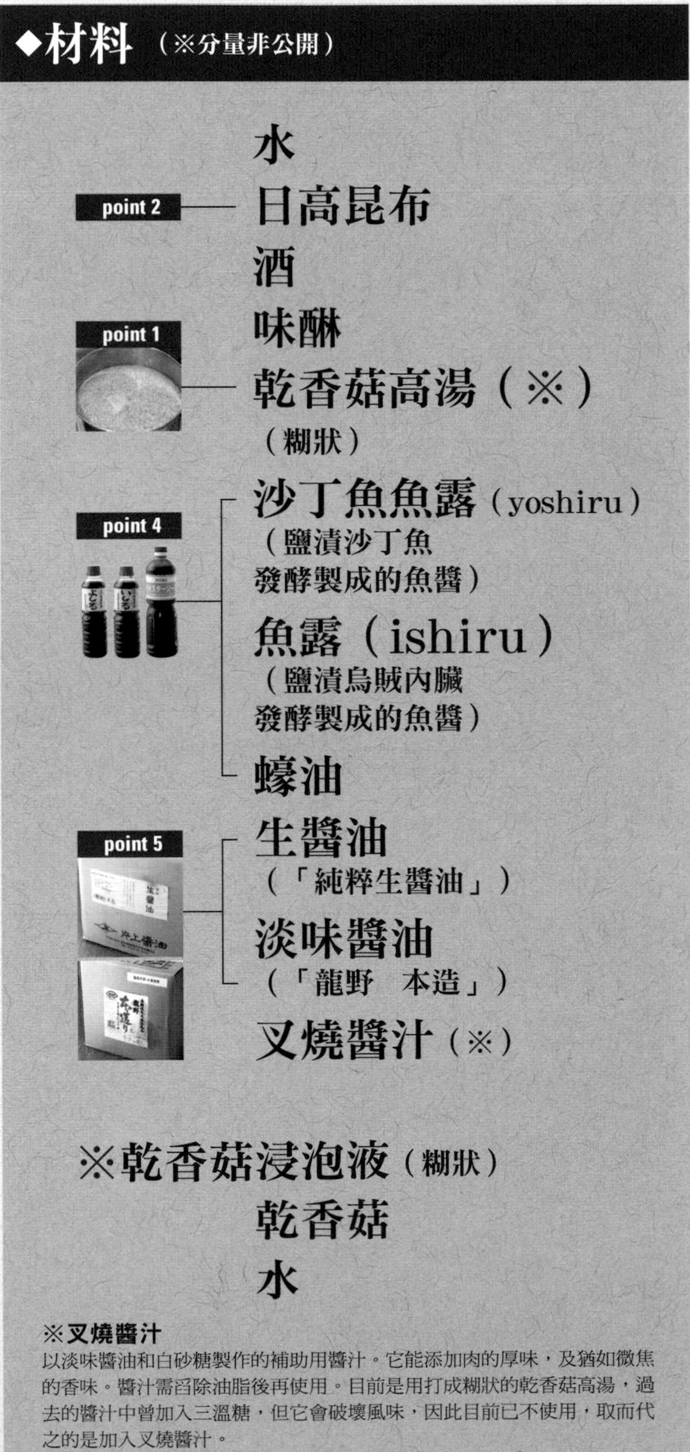

◆材料（※分量非公開）

水
point 2 — 日高昆布
酒
味醂
point 1 — 乾香菇高湯（※）（糊狀）
point 4 — 沙丁魚魚露（yoshiru）（鹽漬沙丁魚發酵製成的魚醬）
魚露（ishiru）（鹽漬烏賊內臟發酵製成的魚醬）
蠔油
point 5 — 生醬油（「純粹生醬油」）
淡味醬油（「龍野　本造」）
叉燒醬汁（※）

※乾香菇浸泡液（糊狀）
乾香菇
水

※叉燒醬汁
以淡味醬油和白砂糖製作的補助用醬汁。它能添加肉的厚味，及猶如微焦的香味。醬汁需舀除油脂後再使用。目前是用打成糊狀的乾香菇高湯，過去的醬汁中曾加入三溫糖，但它會破壞風味，因此目前已不使用，取而代之的是加入叉燒醬汁。

▶醬汁的研發構想及店家介紹在第102頁

◆乾香菇高湯（香菇糊）的作法

1 將200g乾香菇，用3.5ℓ的水浸泡1～2小時，再以小火加熱煮開（自點火到煮沸約30分鐘）。

2 煮沸後離火，放涼後放入果汁機中攪打成糊狀。

point 1 攪打成糊狀

店家為了提取更濃郁的美味，設計成先浸泡出高湯，再攪打成糊狀的作法。這樣不只能增加美味，食用時，攪碎的乾香菇粒也能形成口感上的特色，使味道更豐富多彩。

◆醬油醬汁的作法

1 用10ℓ的水浸泡1kg的日高昆布，暫放1～2小時，和上述步驟1同時進行。

point 2 昆布

採用方便運用的日高昆布。紮實使用1kg的分量，熬煮出鮮味。

2 加入4ℓ酒、3.6ℓ味醂及5ℓ的淡味醬油（「龍野 本造」）。

3 用小火慢慢煮沸（自點火到煮沸約1小時），煮沸後保持狀態加熱5分鐘。加熱過程中不時攪動混合，味道才會均勻。

4 加熱5分鐘後熄火，以圓錐形網篩過濾。

point 3 活用昆布

先加入酒、味醂和淡味醬油稍微熬煮，目的是使昆布中含有高湯。濾除高湯的昆布，可製作佃煮（圖片）料理，用來配飯。不浪費食材充分活用，還能降低成本。

5 在4中，加入糊狀乾香菇高湯（前述的全量、上圖）、沙丁魚魚露（下圖）500㎖、魚露170㎖和蠔油900㎖。

point 4 增加鮮味的調味料

不使用鮮味料，而是加入具有獨特風味和鮮味的沙丁魚魚露、魚露和蠔油，使鮮味大增。不論哪種調味料，都挑選添加物最少的產品。

6 接著加入生醬油（「純粹 生醬油」）9ℓ（圖片）、淡味醬油（「龍野 本造」）5ℓ、已舀除油脂的補助用叉燒醬汁1.5ℓ。

point 5 醬油

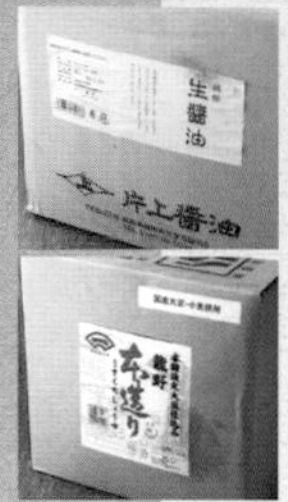

使具有柔和香味與鮮醇風味，片上醬油（奈良縣）產的生醬油，以及味道平衡、方便使用的末廣醬油（兵庫縣）產的淡味醬油2種，使醬汁味道更深厚。

7 調整火力不要太強，煮沸一下（約1小時）。加熱過程中不時攪拌。

8 直接靜置一晚。靜置一晚後，會蒸發剩下40ℓ或35ℓ。醬汁置於常溫下保存。

9 在營業用醬汁罐中，加入上次用剩的醬汁及新製作的醬汁，味道穩定後再使用。

point 6 混合後使用

隨著時間醬汁的味道也會發生變化，將新醬汁和上次用剩的醬汁混合成營業用醬汁，能使味道保持穩定。剛製作的醬汁有新鮮感，舊醬汁味道溫潤，混合後能有效融合兩者優點。

拉麵（和風高湯醬油） 700日圓

這碗中在海鮮高湯的優雅風味裡，讓人感受到無比濃郁的鮮味。醬汁40mℓ成本為20日圓（「拉麵」的成本率為31％）。

★基本配方★

醬油醬汁…40mℓ
高湯…400mℓ
香味油…10mℓ

醬油醬汁

配菜

烤香的豬五花叉燒肉、筍乾、什錦蔥（青蔥、萬能蔥、鴨兒芹、豆苗、洋蔥）、炒糙米等。

能享受到香脆口感的炒糙米，是由市售品和該店自製品混合而成。

麵條

該店富獨創性的自製麵條，除了和高湯融為一體外，更具有與高湯不分軒輊的彈牙口感。日本產小麥中混入裸麥製作，呈現樸素的特色。使用切齒16號的粗細度，也能提升拉麵的存在感。

高湯

這個雞與海鮮混合的高湯，設計目標希望散發濃厚的鮮味，給人溫和的印象。用全雞和雞爪熬煮5小時的高湯，混入用日高昆布、利尻昆布邊、脂眼鯡魚乾、日本鯷魚乾、柴魚、青花魚乾和宗太鰹魚乾，一起慢慢熬煮1個半小時的海鮮高湯，完成有深厚濃度的高湯。營業時，再加入魚乾後溫熱（魚乾中途取出），混合重疊出濃郁的海鮮風味。

香味油

在已釋入白蝦和大蒜香味的菜籽油中，加入青海苔獨特風味的香味油。營業時保溫使用。

拉麵 Cliff

「發揮生醬油的香味」醬油醬汁

重視「香味」選用生醬油以發揮醬汁的作用

「拉麵Cliff」是大阪鶴見的人氣拉麵店「鶴麵」，於2010年11月開幕的第二家分店。「Cliff」以挑戰新拉麵為目標，不論高湯或醬汁都和「鶴麵」有所不同。

高湯味道濃郁，厚重得具有某種實體感。為了混入高湯中，醬汁的味道不能太突顯。店家從增加高湯的濃度、鹽分和香味，去考量醬汁的主要作用。尤其是重視「醬油香味」的醬油拉麵，特別選用了生醬油。

因為醬汁並非用來加強高湯的味道，所以醬汁中所用的材料很簡單。相對的，製作醬汁的技術就變得很重要。

生醬油因為沒加熱，在運送途中味道可能產生變化。為了充分發揮生醬油的馥郁香味，該店以不會減少生醬油風味的最低溫度來加熱。目前，其溫度設定為67℃。此外，以1種生醬油製作味道較不穩定，因此混合2種來製作。

▶醬汁的研發構想及店家介紹在第103頁

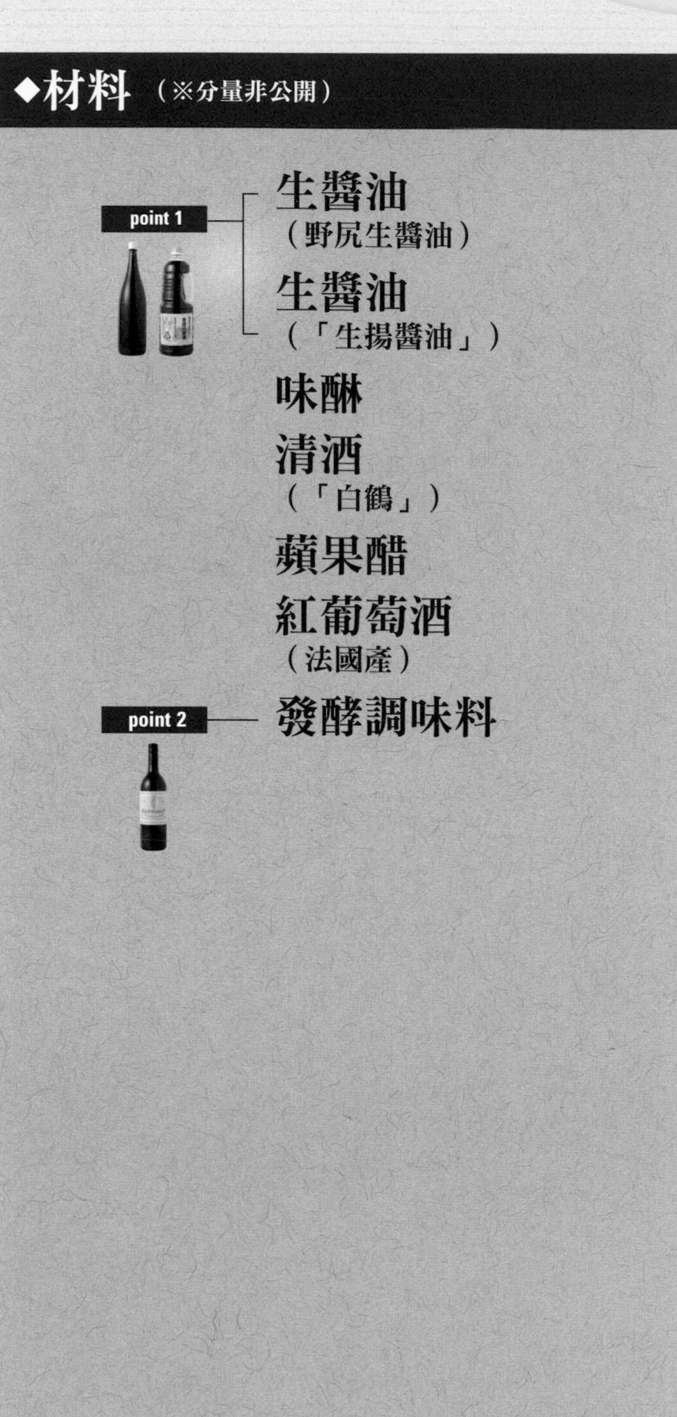

◆作法

在不鏽鋼桶鍋中混合2種生醬油，隔水加熱。最高加熱至67℃，不可超過此溫度。

point 1　2種生醬油

只用1種生醬油容易走味，所以混合2種。為避免生醬油的香味散失，不直接加熱，而採用隔水加熱的方式。

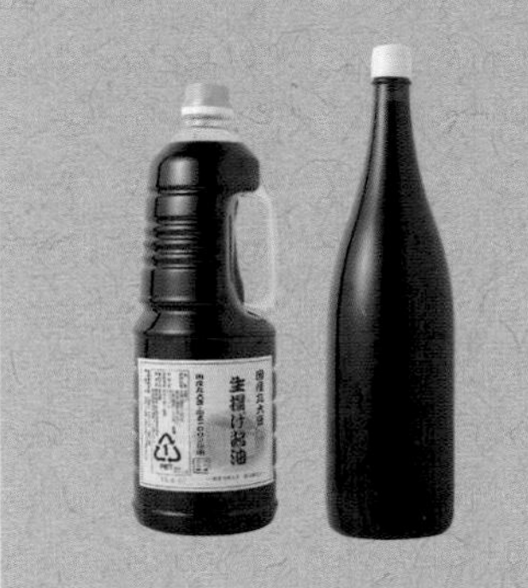

溫度達到67℃後，加入紅葡萄酒，再加熱至67℃。

point 2　加入大量紅葡萄酒

選擇價格約1200日圓，味道不甜，帶有酸味與澀味，喝起來可口的紅葡萄酒。該店現在用的是法國紅葡萄酒。使用較多分量，相對的，減少味醂和清酒的分量。

再加熱至67℃，續入清酒、味醂和醋加熱。

再次加熱至67℃後，從隔水加熱的鍋中取出，加入發酵調味料。因發酵調味料較難溶解，所以一面在常溫下放涼，一面用攪拌器間隔混拌數次讓它溶解。

在常溫下放涼。若已降至常溫，蓋上報紙，夏天靜置2天，冬天靜置4天後再使用。因醬汁需要呼吸，勿用保鮮膜密封。

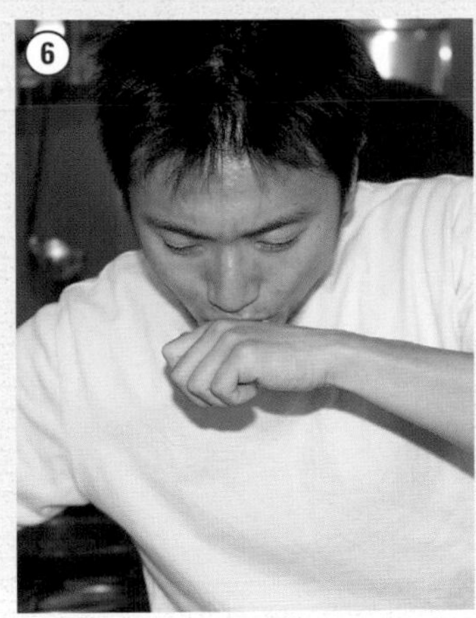

靜置期間，每天嚐嚐味道，檢查醬汁的味道是否已變得溫潤。

point 3　1週內使用完畢

醬汁完成後，最好1週內使用完畢。過去該店會製作2週的分量，到最後往往走味，所以製作完成後，最好1週內使用完畢。

醬拉麵 750日圓

和原始店「鶴麵」（大阪鶴見）的拉麵一樣，Cliff使用雞高湯混合海鮮高湯的雙味高湯，但以雞高湯為主體。海鮮高湯只混合昆布和柴魚高湯，高湯製作得十分濃郁，以發揮海鮮高湯的芳香美味。因此醬汁要用簡單的材料，味道不能太有個性，才能和高湯保持平衡。

★基本配方★
醬油醬汁…30mℓ
高湯…300mℓ
雞油…15mℓ

醬油醬汁

雞油

製作高湯時取出的雞油，立刻冷卻，每次只從冷藏室取出需用的分量。

麵條

含水率34％、切齒22號的寬扁麵。選用表面不太平滑的麵。

高湯

用比內地雞的全雞、雞骨、雞爪、少量生薑和青蔥製作的清高湯和海鮮高湯，以6：1的比例混合。海鮮高湯是昆布和柴魚混合的高湯。依各點單需要，在鍋中混合後再倒入溫熱的容器中。

配菜

平牧三元豬的五花叉燒肉、嫩筍乾、白蔥花、蔥芽。

第二代 鮮蝦拉麵 keisuke

「散發鮮蝦風味的白醬油醬汁」醬油醬汁

無損鮮蝦香味 予以強化組合

擁有法國料理和日本料理經驗的竹田敬介先生，身懷許多「絕技」，在開設「第二代　鮮蝦拉麵keisuke」分店時，選用其他店都不用的蝦子而備受矚目。

研發時，他以在法國期間製作的蝦高湯為湯底，應用在拉麵的製作上，他最重視的是表現蝦的香味。熬製高湯時，1個桶鍋使用10kg的甜蝦頭，而且醬汁中還使用櫻花蝦，費心熬煮出味道濃厚、複雜的鮮蝦芳香。

除了蝦子這項食材外，他還慎選不會破壞蝦子細緻芳香的其他配料。比起使用一般的醬油，醬汁中更適合組合香味柔和的白醬油等。另外為了表現海鮮類醬汁的鮮味與香味，還使用宗太鰹魚和脂眼鯡魚這2種柴魚，不僅不會破壞蝦子的味道，加入柴魚後，還具有突顯蝦子香味的作用。

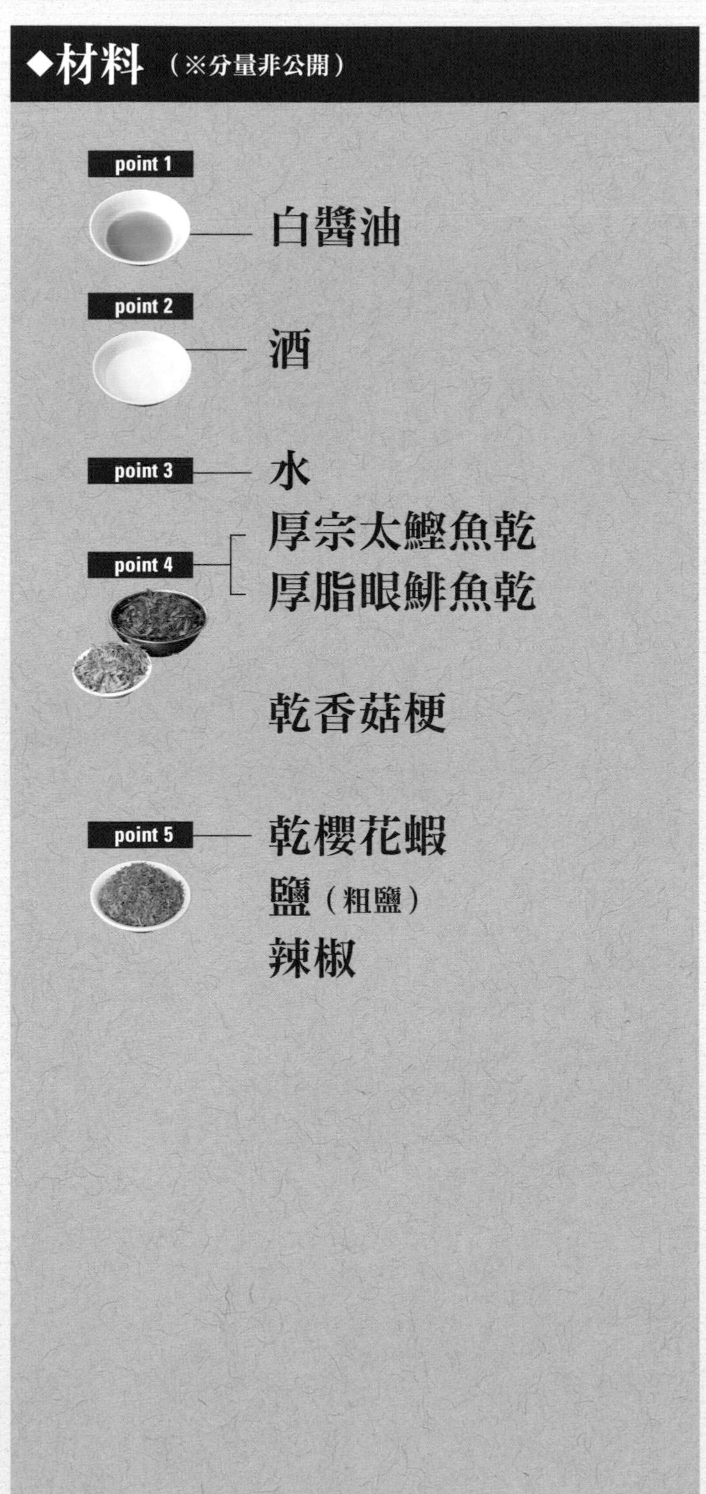

▶醬汁的研發構想及店家介紹在第104頁

◆作法

1

在桶鍋中混合白醬油、酒和水。

point 1 白醬油

與一般的濃味醬油相比，特別選用香味柔和的白醬油，以免破壞高湯中蝦子的香味。

point 2 酒

加入酒，目的是為了調整醬油中鹽分的濃度。

point 3 水

只使用酒和醬油，柴魚的味道煮不出來，因此也要用水。

2

續加入宗太鰹魚乾和脂眼鯡魚乾。再加乾香菇和乾櫻花蝦。

point 4 柴魚類

與宗太鰹魚乾相比，脂眼鯡魚乾的味道較濃，但只用脂眼鯡魚乾的話，味道較腥。同時使用2種不同風味的柴魚，才能使味道更深厚。

point 5 乾櫻花蝦

以乾櫻花蝦表現濃厚的蝦仁風味。使用和高湯中的甜蝦不同的蝦子，費工夫表現更複雜的芳香和味道。

3

最後加入鹽和辣椒。

4

加熱，熬煮到剩下大約1/4的分量，用尺測量水位，煮到目標值以下即熄火。

point 6 斟酌火候

用大火熬煮湯汁會變濁，所以火候只需讓水面些微滾沸的程度即可。

5

熄火，直接靜置1天。

point 7 直接靜置1天

直接靜置1天，味道會更融合，色澤也會更深。

6

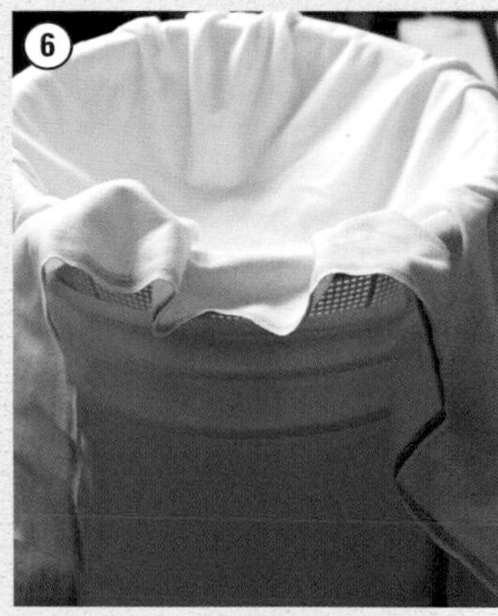

用棉布過濾。如圖所示將布鋪在圓錐形濾網上，倒入過濾最後用力擠壓棉布，讓醬汁精華全部濾出。只用乾貨較耐保存，但香味容易散失，所以2週內要使用完畢。使用棉布慢慢過濾，以免蝦子的觸角等進入醬汁中。

鮮蝦拉麵 750日圓

高湯和醬汁中都使用蝦，是一碗蝦味十足的拉麵。搭配香味柔和的白醬油製作的醬汁，更加突顯蝦子的芳香。為了讓顧客充分享受香味，使用特製的麵碗盛裝。

醬油醬汁…30mℓ
高湯…360mℓ
紅蔥油…20mℓ
雞油…20mℓ
蝦腦…適量

醬油醬汁

蝦腦

在蝦腦中混合大蒜泥和單味唐辛子即成。雖然沒加蝦腦，也能完成整體的味道，但加入之後，具有突顯風味的作用。

麵條

採用中細直麵，考慮是否和高湯合味後選用，屬於滑順的稍細麵條。

配菜

配菜包括用周氏新對蝦（Metapenaeus joyneri）製作，口感富彈性的蝦餛飩，以及和蝦合味的雞肉叉燒。筍乾和蝦的味道與香味不合，所以搭配口感爽脆的貢菜。另外加入橙皮，增添柑橘類水果的清爽香味，還裝飾辣椒絲增加色彩。

高湯

這道新研發的高湯，是以用於法國料理中的蝦高湯改良而成。相對於200ℓ大的桶鍋，使用10kg的甜蝦頭，花工夫熬煮出濃厚的蝦子香味與鮮味。想充分發揮蝦子芳香，最重要的是組合肉類材料和柴魚等，才能完成震撼人心的拉麵風味。使用甜蝦頭、雞骨、豬骨、香味蔬菜、羅臼昆布、宗太鰹魚乾、乾香菇蒂，共熬煮10小時以上的時間。甜蝦頭先炒出香味，在接近完成的階段再加入，之後約煮2小時。

紅蔥油

用沙拉油爆炒比利時紅蔥頭，直到蔥頭顏色改變即完成香味油，能散發獨特的甜香。

雞油

將雞皮的油脂，和少量的大蒜和水一起熬煮到水分收乾，再過濾而成。使用雞油，拉麵中能增加動物性油脂特有的美味。

【關於油】
兩種油各使用20mℓ，以呈現濃郁的風味。在麵碗中倒入高湯前，先將醬汁和2種油混合，混合過度會造成乳化現象，使味道變得太過溫和，所以只要稍微混合即可。

Hirugao 本店

「突顯細緻的高湯風味」鹽味醬汁

在濃郁的高湯中混入樸素的鹽味醬汁

只在白天營業的「Hirugao」，也是人氣店「Setaga屋」所開設的店面。目前在業界頗為流行，同一家店以不同店名營業的「二毛作店（譯註：採一店兩用模式營業的店家）」，Hirugao可謂先驅。「Setaga屋」晚上營業，專賣醬油拉麵，而「Hirugao」在白天營業主打鹽味拉麵。

「不管肉或魚，如果真的美味，只需簡單的用鹽調味，吃起來就很鮮美，我由此發想，想到在濃郁高湯中，混合簡單的鹽味醬汁的作法」店主前島司先生說道。自從決定製作鹽味拉麵後，他便開始思考「製作讓醬汁發揮的細緻高湯」。

製作鹽味拉麵，比起用鹽味醬汁來「補充」不足的風味，倒不如用鹽味醬汁來「強調」想表現的高湯風味。類似貝柱風味的乾魷魚，具有和高湯連結的作用，本枯節柴魚粉能加強柴魚獨特的風味。最後，加入濃縮的大骨高湯，更進一步突顯雞的香味。「雞骨高湯也具有提升醬汁濃度的作用，需選用不影響高湯的無鹽產品」。

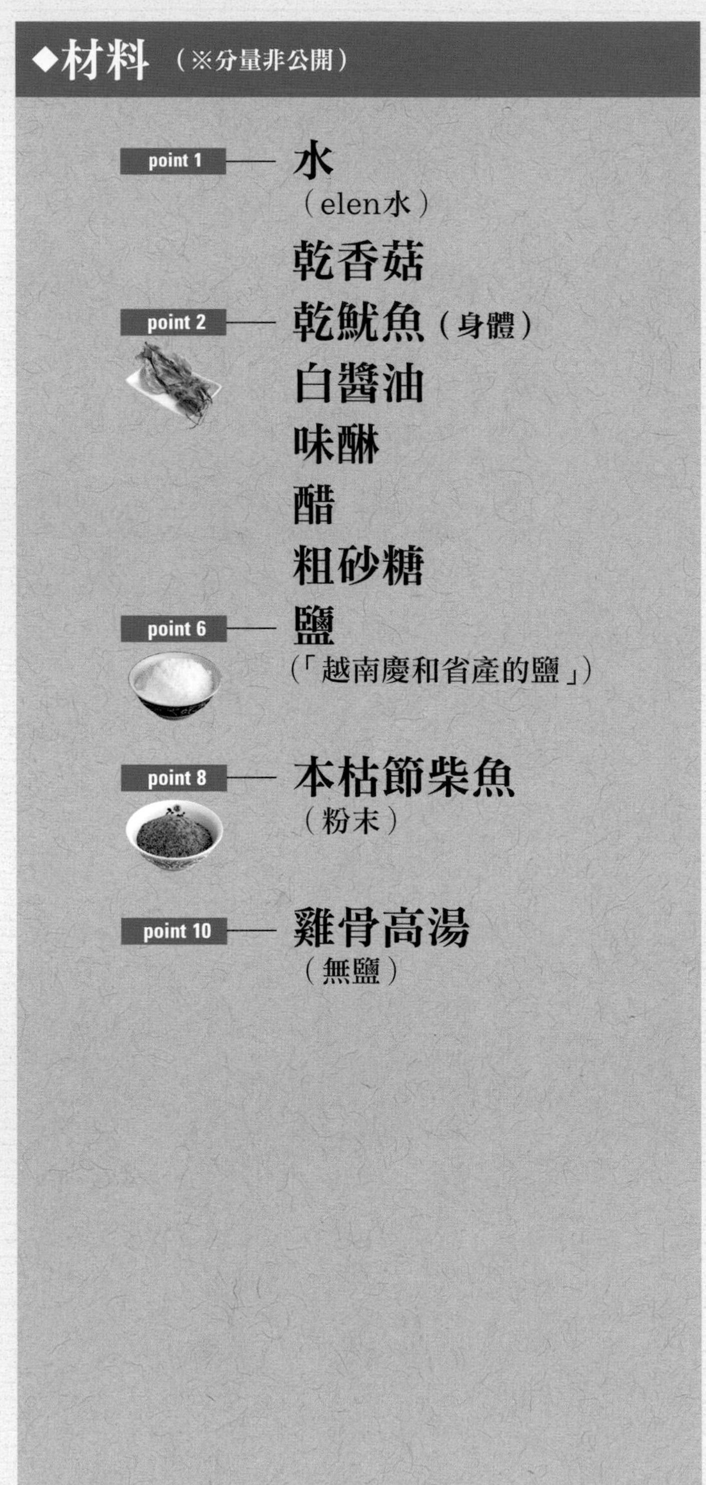

◆材料（※分量非公開）

- point 1 — 水（elen水）
- 乾香菇
- point 2 — 乾魷魚（身體）
- 白醬油
- 味醂
- 醋
- 粗砂糖
- point 6 — 鹽（「越南慶和省產的鹽」）
- point 8 — 本枯節柴魚（粉末）
- point 10 — 雞骨高湯（無鹽）

▶醬汁的研發構想及店家介紹在第98頁

◆作法

在桶鍋中放入elen水、乾香菇和乾魷魚，泡水一晚。乾魷魚事先烤過，去除腥臭味備用。

point 1　水

使用水分子團（水分子的集合）小、滲透性和溶解性佳的elen水。除了能提引出調味料和食材的鮮味外，還能使高湯的味道變得溫潤。

point 2　乾魷魚

疊入和貝柱、柴魚不同風味的乾魷魚的獨特美味，能使醬汁的風味更深厚。魷魚釋出和貝柱類似的鮮高湯，和拉麵高湯也非常搭配。

隔天開火加熱，煮沸後將火轉為極小。一直熬煮到乾香菇和乾魷魚都沉到鍋底，水位大約只剩10ℓ為止。

point 3　以極小火加熱

若不花較長時間慢慢熬煮，無法提引出食材的味道，加熱火候轉至最小，大約煮1小時的時間。

point 4　依時間和水位來研判

加熱是否完成，若只依據時間來研判，容易發生走味的情形，所以要從水位來研判。

用網篩撈出材料，從上按壓材料，徹底擠出高湯。

point 5　徹底按壓材料

徹底按壓材料，以充分擠出材料中的高湯和剩餘的鮮味。

加入黃砂糖和鹽，用圓杓攪拌讓它充分溶解。

point 6　鹽

「越南慶和省產的鹽」，特色是富含礦物質，味道清爽。它兼具濃郁鹽味與甜味，深受愛用。

加入白醬油（上圖）和味醂、醋和上次用剩的鹽味醬汁（下圖）後煮沸。

point 7　外加補充

為了讓味道均勻化，加入上次剩餘的鹽味醬汁補充。最好儘早融合鹽味醬汁的味道，在完成中途就要混合。

煮沸後，轉小火，放入裝有本枯節柴魚（粉末）的圓錐形網篩，用筷子攪拌柴魚，讓水能對流，以利雜質浮出。撈出浮沫後，熄火。

point 8　本枯節柴魚（粉末）

為了熬出濃郁的海鮮精華，選用香味與鮮味都十分濃郁的本枯節柴魚，攪打成粉末後使用。魚粉的香味會瞬間散發，鮮味也難持續。

直接靜置，利用餘溫加熱1小時。

point 9　利用餘溫

煮沸的話，將破壞細緻的高湯風味，所以不要一直加熱。

經過1小時後，取出網篩，倒入雞骨高湯。放入冷藏室一晚以上再使用，營業中使用時保持在30℃。

point 10　雞骨高湯

加入濃縮的無鹽雞骨高湯，能強調雞的香味。同時還有增加醬汁濃度的作用。

point 11　使用時的溫度

請參照p48的「point9」

鹽味拉麵 700日圓

這是在以全雞為主的細緻肉類高湯中，混合美味的海鮮高湯的雅緻湯頭。還加入青海苔和干貝的香味油，飲用時給人截然不同的感覺。

★基本配方★
鹽味醬汁…30mℓ
高湯…400mℓ
干貝油…14mℓ

鹽味醬汁

麵條

混用切齒20、22、24號3種細麵。混合不同粗細的麵條，是考慮麵條不會一口氣全變軟。

配菜

豬肩里脊叉燒、筍乾、青海苔、蔥白絲、干貝粉和柚子。為了不破壞高湯的味道，叉燒選用油脂少的肩里脊肉，以炭火烤香。考慮到麵的粗細度，還選用細切的筍乾。

使用氣味芳香，味道又好的高知縣四萬十川產的青海苔。高湯中不只能滲入香味，青海苔也能恰當的融入高湯中，吃起來味道濃郁

完成時撒上的干貝粉。製作干貝油時所用的貝柱，冷凍到脆硬狀態，再以果汁機攪打成粉末狀。

高湯

這是以全雞風味為主，兼具高雅海鮮芳香的高湯。在以全雞、雞身骨、雞爪、豬大腿骨、大蒜、生薑和洋蔥一起熬煮4小時的肉類高湯中，混合另外熬煮的昆布高湯和魚乾高湯。高湯混合後，再加入宗太鰹魚乾、干貝和白菜，最後散發出魚乾風味後，營業用高湯即完成。混合溫和、充滿鮮味的鹽味醬汁後，能充分展現海鮮高雅的鮮味。像鹽味拉麵這樣纖細的高湯，即使煮麵湯都會影響風味，所以高湯分量要多一點。

干貝油

干貝鮮味釋入豬油中的香味油。

麵屋青山 本店

「以干貝鮮味作為主角」鹽味醬汁

混合食材 展現深厚美味

這家是在千葉縣開設9家麵店的「青山集團」總店。「青山」主要推出以豬骨為湯底的「濃味」拉麵，以及以雞骨為湯底的「清爽」拉麵，另有沾麵和每月變換的麵品等。這裡要介紹的是清爽系列的「鹽味拉麵」的醬汁。

「研發新拉麵時，首先要決定主要的味道」店主青山英昭先生表示。他在設計「鹽味拉麵」時，選用鮮味濃、無腥味的干貝作為主角來調配味道。因為干貝高湯已突顯鮮味，所以必然採用能襯托鹽味醬汁的清湯系高湯。基於日本料理人的經驗，青山先生表示「要提引出食材最大的美味時，關鍵在於正確的熬煮高湯」。因為澀味、苦味等雜味，會破壞醬汁的濃縮美味。

「若想醬汁濃郁一點，要儘量混合各種食材」。這次的鹽味醬汁中，光是昆布就用了3種，鹽類5種。「若是用清高湯，醬汁即為主軸，必須濃郁至某種程度」。這個醬汁中還用了2種鮮味料，更具有存在感。

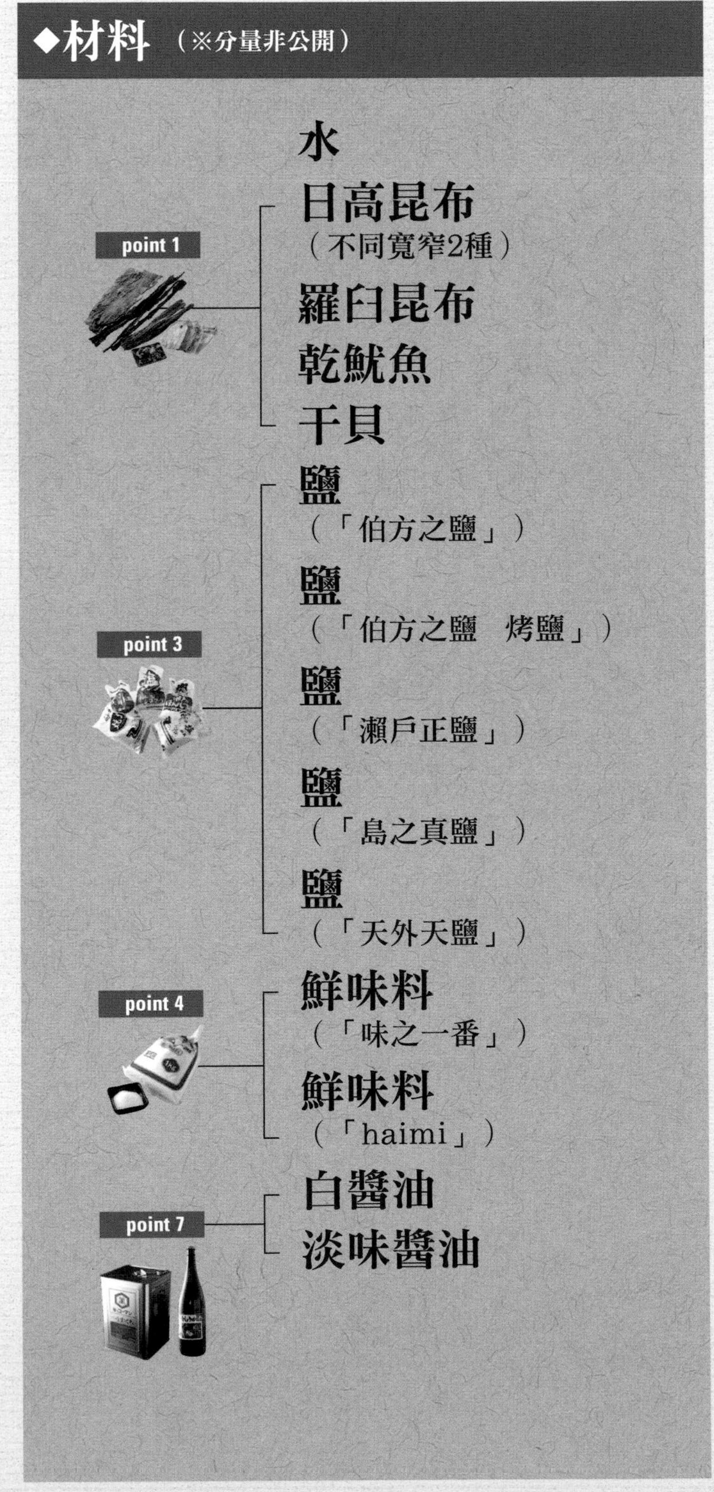

醬汁的研發構想及店家介紹在第105頁

◆作法

在鍋裡中倒入4ℓ水，放入日高昆布（不同寬窄2種）各1片、羅臼昆布1片、乾魷魚（小）3片和干貝500g，放置一晚。

point 1　海鮮類食材

干貝是味道的主角。因為需要大量使用，事先備妥無虞，才能壓低成本。加入乾魷魚，目的在於增添和昆布、貝柱不同的鮮味，並使味道變得更濃厚。不同寬窄的日高昆布，味道也不同，窄的味道較濃。使用2種昆布，能使味道更深厚。這道醬汁中不只有昆布使用2種，其他食材也都不只用1種，而是組合數種。

隔天，只取出乾魷魚。

point 2　加熱前去除乾魷魚

因為想強調干貝的鮮味，所以在此階段去除乾魷魚。

加入5種鹽各500g，2種鮮味料各25g。

point 3　鹽

混合不同鹹度與甜度的5種鹽。全部等量使用，不讓某味特別突出，以完成均衡的味道。初研發時，是從富礦物質和鮮味的「天外天鹽」，以及鹽味溫潤不死鹹的「伯方鹽　烤鹽」2種鹽開始組合。

point 4　鮮味料

風味清爽的高湯，味道的主軸在於醬汁。店主想讓醬汁具有某濃郁度，所以鮮味調味料也混合2種，以調製出濃郁的味道。

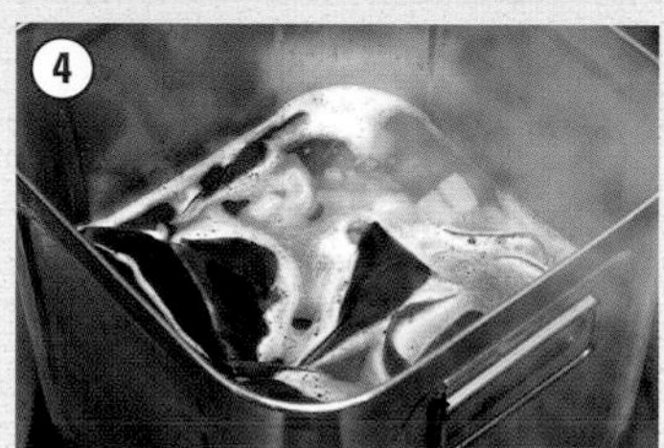

加熱，快要煮沸前取出昆布。

point 5　斟酌火候

加熱時需注意，太快煮沸，無法釋出美味。火候大約保持在中火的程度。

point 6　勿讓昆布釋出苦味

模仿日式高湯的作法，在煮沸前務必要取出昆布。因為煮沸後，昆布會釋出苦味。

取出昆布後，加入白醬油100mℓ、淡味醬油80mℓ，再煮沸一下。

point 7　醬油

最初只用白醬油調味，但醬油味過於明顯，無法展現食材的鮮味。減少的白醬油分量，改用淡味醬油，才能突顯整體的醬汁味。

point 8　加入醬油的時間點

若先加入醬油，昆布會吸收醬油，使鮮味無法順利釋出。另外還考慮到要保留醬油的香味，所以醬油必須最後再加入。

離火，用網篩過濾。至少放入冷藏室3天，最理想是放置1週的時間。因為已加入昆布等高湯，在常溫下容易走味。放入冷藏室可讓味道融合。

鹽味拉麵 680日圓

以雞骨為湯底的高雅湯頭中，融合醬汁與香味油，使這碗拉麵散發濃濃的干貝美味。只在高湯表面的表邊撒上鰹魚粉，還能享受不同的細緻風味。

★基本配方★

鹽味醬汁…36mℓ
高湯…300mℓ
干貝油…30mℓ
鰹魚粉…約1小匙

高湯

高湯採用風味細緻的雞骨為湯底。雞骨、雞爪和脂厚味甜的雞尾用大火先加熱，從冷水煮到沸騰。充分撈除浮沫，轉小火，加入大蒜、生薑、胡蘿蔔、洋蔥和青蔥，熬煮3小時即成。

鹽味醬汁

麵條

採用切齒24號、含水率36%的自製直細麵。麵條適度的吸入高湯，與清爽的高湯非常對味。為了不影響高湯的味道，選用味道不會太香的知名麵粉製作。口感滑潤順喉，不會太黏軟。

配菜

豬五花肉製作的烤叉燒、筍乾、炒芝麻、青蔥、水菜、滷蛋和干貝粉。滷蛋上撒上的干貝粉，是將用於干貝油中的干貝的油分充分擦除後，再製成粉末，能讓人享受干貝粉慢慢融入高湯中味道的變化。

干貝油

將干貝和沙拉油混合，用極小火熬煮3小時即成。能添加光用醬汁無法達到的干貝鮮味及風味。

鰹魚粉

在麵碗中混合高湯等材料後，在半邊撒上以鰹魚乾磨成的粉，讓味道有所變化。1碗拉麵約加1小匙，鰹魚粉中因含有鹽分，即使是一樣的高湯，撒入鰹魚粉的部分，也能明顯感受到些許鹹味。

麵屋 庄的

「展現鮭魚感」
鹽味醬汁、鮭魚醬油

鮭魚醬油

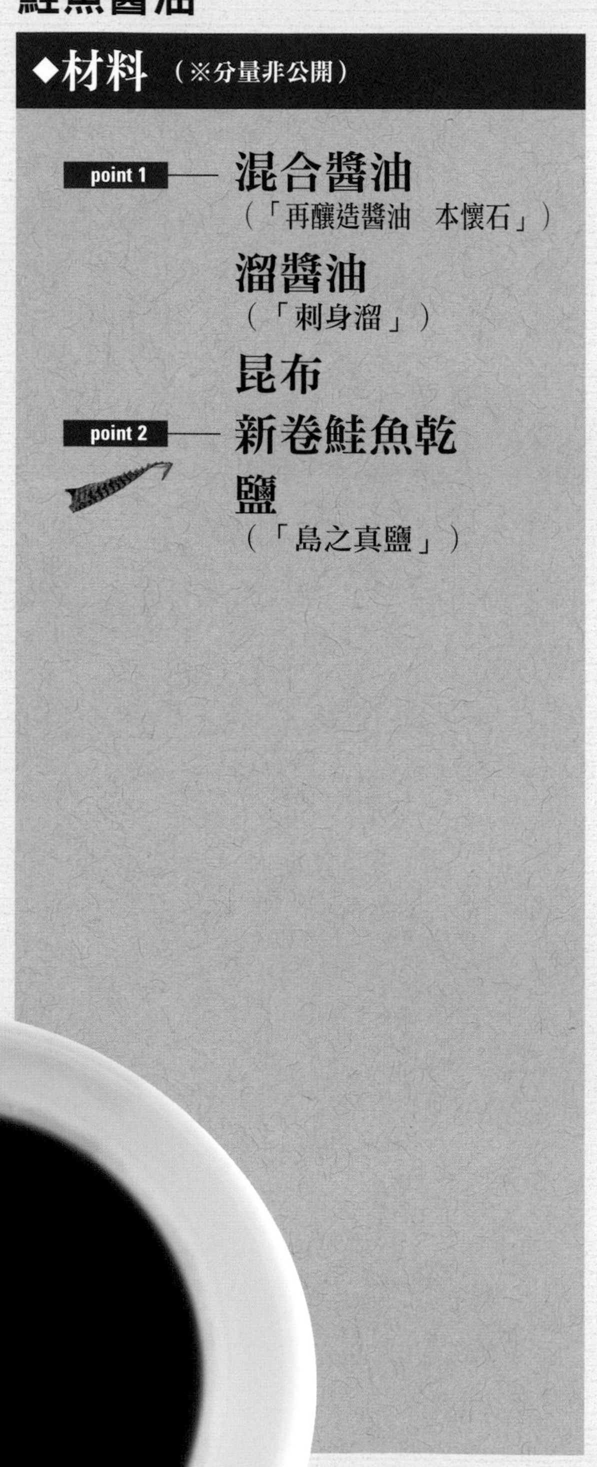

◆材料（※分量非公開）

point 1 — 混合醬油（「再釀造醬油　本懷石」）

溜醬油（「刺身溜」）

昆布

point 2 — 新卷鮭魚乾

鹽（「島之真鹽」）

鹽味醬汁

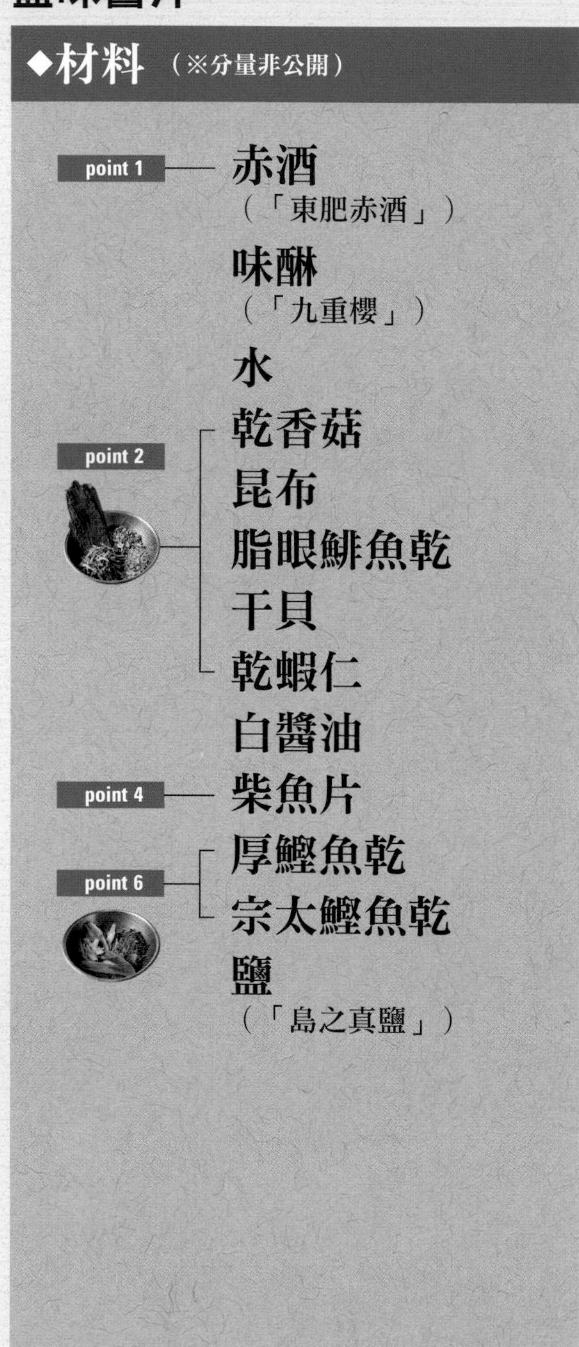

◆材料（※分量非公開）

point 1 — 赤酒（「東肥赤酒」）

味醂（「九重櫻」）

水

point 2 — 乾香菇、昆布、脂眼鯡魚乾、干貝、乾蝦仁

白醬油

point 4 — 柴魚片

point 6 — 厚鰹魚乾、宗太鰹魚乾

鹽（「島之真鹽」）

◆鹽味醬汁的作法

兼用鹽味醬汁和鮭魚醬油2種醬汁

「庄的」拉麵店每月都會推出不同的個性化創意拉麵。像限定通信販售的「鮭魚拉麵」，其高湯、醬油醬汁和香味油全部專門製作，是在店裡也吃不到的特別美味。

對於鮭魚這項食材，「我之所以選用它，是因為日本人很熟悉，而且即使天天吃也吃不膩」店主庄野智治說道。在營造風味上，他表示最重視的是呈現「鮭魚感」。「剛開始我只使用鹽味醬汁，但無法好好的提引出鮭魚的味道。加入醬油醬汁後，才能突顯鮭魚的風味，因此我決定使用鹽和醬油這2種醬汁。這次若光用醬油醬汁，反而無法完美的提引出高湯的味道」。

為了更進一步加強鮭魚的風味，在醬油醬汁中，店主使用新鮮鮭魚。在75℃嚴格的溫控下，慢慢的加熱2小時，熬煮出鮭魚的美味。選用醬油時，他也考慮到以大眾喜愛的濃味醬油為底等等，以達到「容易親近的味道」。

▶醬汁的研發構想及店家介紹在第106頁

1 在桶鍋中混合赤酒和味醂，開火加熱讓酒精揮發。揮發完後，將鍋浸泡冷水，讓它變涼。

point 1 赤酒

赤酒具有米麴的高雅甜味與豐富的鮮味，深受大眾愛用。它特有的香味能消除魚腥味，使整體味道融為一體，

2 在另一個桶鍋中倒入淨水，放入乾香菇、魚乾、干貝、乾蝦仁和昆布。將昆布切成小塊，以利釋出鮮味。

point 2 海鮮類食材

製作時考量到均衡的味道，並非讓一味特別突出，而是讓海的美味融為一體。每月變換的拉麵中，經常使用這個鹽味醬汁，而且，與醬汁相比，更重視高湯的味道，所以鹽味醬汁不能太個性化。

3 等1稍涼後，倒入2中。蓋上保鮮膜，放在常溫（夏天放入冷藏室）下，靜置6～12小時。

4 開火加熱，為了讓味道均勻，在煮至沸騰期間，每5分鐘混合一次。

point 3 每5分鐘混合一次

過度混合會產生苦味，放置太久也會走味。最後找出每5分鐘混合一次最恰當，每次才能製作出相同的味道。

5 煮沸後，將浮沫雜質舀除乾淨，以免有魚的雜味。

6 加入白醬油，為避免香味散失，保持90℃約加熱40分鐘。

7 約煮40分鐘後熄火，加入柴魚片。在常溫下放涼，讓溫度降至70℃。

加入切小片的昆布，順著節剪好的新鮮鮭魚乾。放在常溫下靜置一晚。

point 2　新卷鮭魚乾

希望呈現純粹的鮭魚風味，因此選用只用鹽漬的鮭魚乾。

加熱煮沸後，轉小火，讓溫度保持在75℃，慢慢熬煮2小時讓味道滲出（上圖）。經過2小時熄火，取出材料，用圓錐形網篩過濾（下圖）。

point 3　以75℃加熱2小時

溫度保持75℃，為的是不破壞醬油的風味，並讓鮭魚的鮮味徹底釋出。以75℃的溫度慢慢提引出美味，2個小時是必要的時間。

加鹽，利用餘溫使其溶化。直接放在常溫下一晚讓它熟成即完成。

point 4　在常溫下放涼

急速冷卻的話，好不容易滲出的鮭魚等美味成分無法熟成，所以需花時間慢慢的讓味道融合。

溫度達90℃後，將鍋子整個放在煮高湯的桶鍋上，溫度保持在50～60℃的狀態下3小時。

point 8　慢慢的加熱

採取間接加熱，不直接加熱，與其說煮出高湯，這種方式更像是浸漬，讓鰹魚乾的鮮味慢慢滲出，融入醬汁中。

經過3小時後，過濾，剔除鰹魚乾。

加鹽，以餘溫溶化鹽。放入冷藏室急速冷卻。至少放置3天，味道融合後即完成。

◆鮭魚醬油的作法

將混合醬油和溜醬油混合。

point 1　醬油

生醬油和濃味醬油的混合醬油為主要材料。只用生醬油味道死鹹，風味不均衡，混合濃味醬油後，味道變得較順口。味道圓潤，厚重濃郁的溜醬油，具有讓整體融為一體的作用，用來補助混合醬油。

point 4　加柴魚片的時間點

雖然柴魚片的鮮味是營造風味的重要材料，但最後才加入香味會太濃，所以在此階段就要加入。

溫度變成70℃時，取出材料（上圖），用圓錐形網篩過濾。將鰹魚乾和宗太鰹魚乾用果汁機攪打成粗的粉末，用手稍微混合後，加入其中（中圖）。接著再加熱至90℃（下圖）。

point 5　在70℃時過濾

為了不讓柴魚產生腥味，只保留怡人的芳香，70℃時是撈出食材的最佳時間點。

point 6　魚乾攪打成粉末

鰹魚乾和宗太鰹魚乾用果汁機攪碎，味道較易釋出。鰹魚乾和宗太鰹魚乾採用相同的分量。

point 7　溫度慢慢上升

加熱熬煮鰹魚乾的高湯，但為了不破壞高湯的風味，讓溫度慢慢上升至90℃。

鮭魚拉麵 900日圓

※圖片是盛盤範例

這是只有在網路販售的限定麵品。醬汁、高湯和香味油分別都使用了大量的鮭魚，是一碗風味獨具的拉麵。販售時是已加入菜料直接可用的高湯。

★基本配方★
鹽味醬汁…20mℓ
鮭魚醬油…10mℓ
高湯…350mℓ
烤鮭魚片
…約60～70g
香味奶油…10mℓ
鮭魚油…10mℓ

鹽味醬汁

鮭魚醬油

麵條

以香濃的北海道產小麥和外國麥製成的高筋麵混合，自製的中太捲麵。強調彈牙的口感，與令人震撼的高湯美味不分軒輊。

配菜

通信販售時，在收到的高湯成品中，已加入烤香的豬五花叉燒肉及筍乾。商品中雖然沒有其他配菜，但建議可加入圖片中的燻鮭魚、檸檬片、滷蛋、蔥白絲、青蔥和海苔等作為配菜。

高湯

這是在含有鮭魚風味的肉類高湯中，混入海鮮高湯的專用高湯。作為主軸的肉類高湯，是將雞骨、豬背骨、烤成焦黃的鮭魚頭和骨、大蒜、生薑、青蔥的蔥綠部分以及洋蔥，以中火熬煮約1小時。之後再加入已泡過水的昆布和魚乾，熬煮40分鐘，過濾後完成的高湯。之後，會加入烤過的鮭魚片煮開一下，最後完成時加上鮭魚片。因高湯的黏度高，所以要用果汁機攪拌。含入空氣後口感變輕，和麵條可以更均勻的調拌。透過網路販售時，店家建議將加熱的高湯用果汁機攪打，或倒入麵碗中再攪打起泡，但因為是急速冷凍包裝，所以購回後直接加熱食用，多少仍可感受到高湯輕柔的口感。

鮭魚油

將酒醃過的鮭魚頭，用植物油以低溫煮6小時製作而成。慢慢的加熱，才能徹底萃取出鮭魚的香味。

香味奶油

無鹽奶油溶化的同時，加入生薑、大蒜和青蔥增添香味，製成的香味油。和鮭魚非常對味，還能消除獨特的腥味。

鮭魚拉麵的作法

這道拉麵只有通信販售服務，因此這裡介紹的作法，是該店提供的範例。通信販售時的商品，是以果汁機攪拌高湯和鹽味醬汁後，裝入袋內，再混合菜料、鮭魚醬油、鮭魚油和香味奶油，急速冷凍而成。

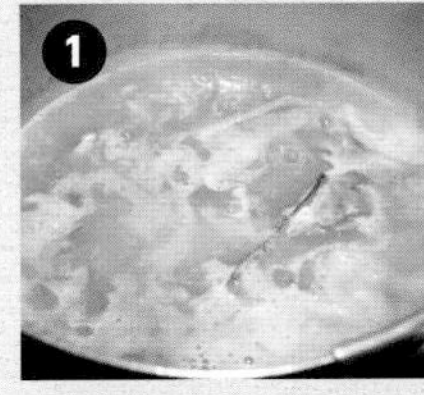

1 在小鍋中放入高湯、烤過的鮭魚片，開火加熱。

2 煮沸一下後，離火，放入果汁機中攪打，讓它含有空氣。

3 在麵碗中倒入香味奶油（圖片）、鮭魚油和鹽味醬汁混合。

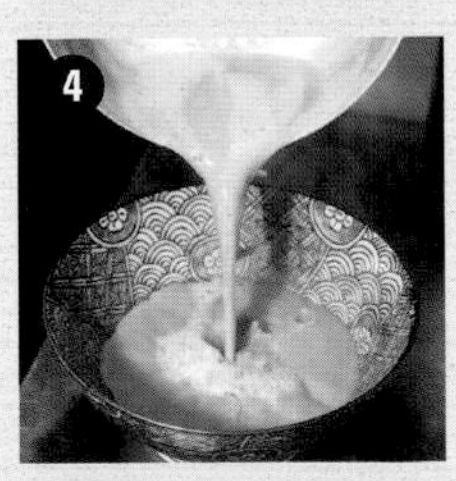

4 將2的高湯倒回小鍋，加熱，變熱後倒入麵碗中。

5 淋上鮭魚醬油。

鹽專門 **龍旗信**

「濃縮在地的海味與山味」鹽味醬汁

集合泉州當地特產製作的鹽味醬汁

「龍旗信」是一家鹽味拉麵專賣店，他們打著「讓堺拉麵遍佈全世界……」的口號，不斷的增設店面。

總店的所在地堺市，以及周邊被稱為泉州地區的泉佐野及岸和田市，具有富饒的海產及山產。該店的招牌鹽味拉麵，是以淡菜製作鹽味醬汁。三齒梭子蟹也是當地的名產之一，所謂晴天吃蟹，泉州人可說是日本最愛吃蟹的人。

活的三齒梭子蟹靠漁捕，不易穩定購買。而且高級食材使用上也很難保持穩定，更何況是在拉麵店。可是，拉麵店中也有使用三齒梭子蟹的店家，該店的總店自9年前開始，全年有限供應三齒梭子蟹的拉麵。而且，三齒梭子蟹拉麵中，加入蟹的濃縮精華所製作的鹽味醬汁。該店的鹽味醬汁一人份成本為70～80日圓。那是該店每年費心與三艘拖網漁船簽定捕抓活三齒梭子蟹的合約，才得以壓低成本。這次，店家還使用高湯和鹽味醬汁，以泉州產海鰻和泉州水茄試作天婦羅。另外，麵條中也混入水茄。

醬汁的研發構想及店家介紹在第107頁

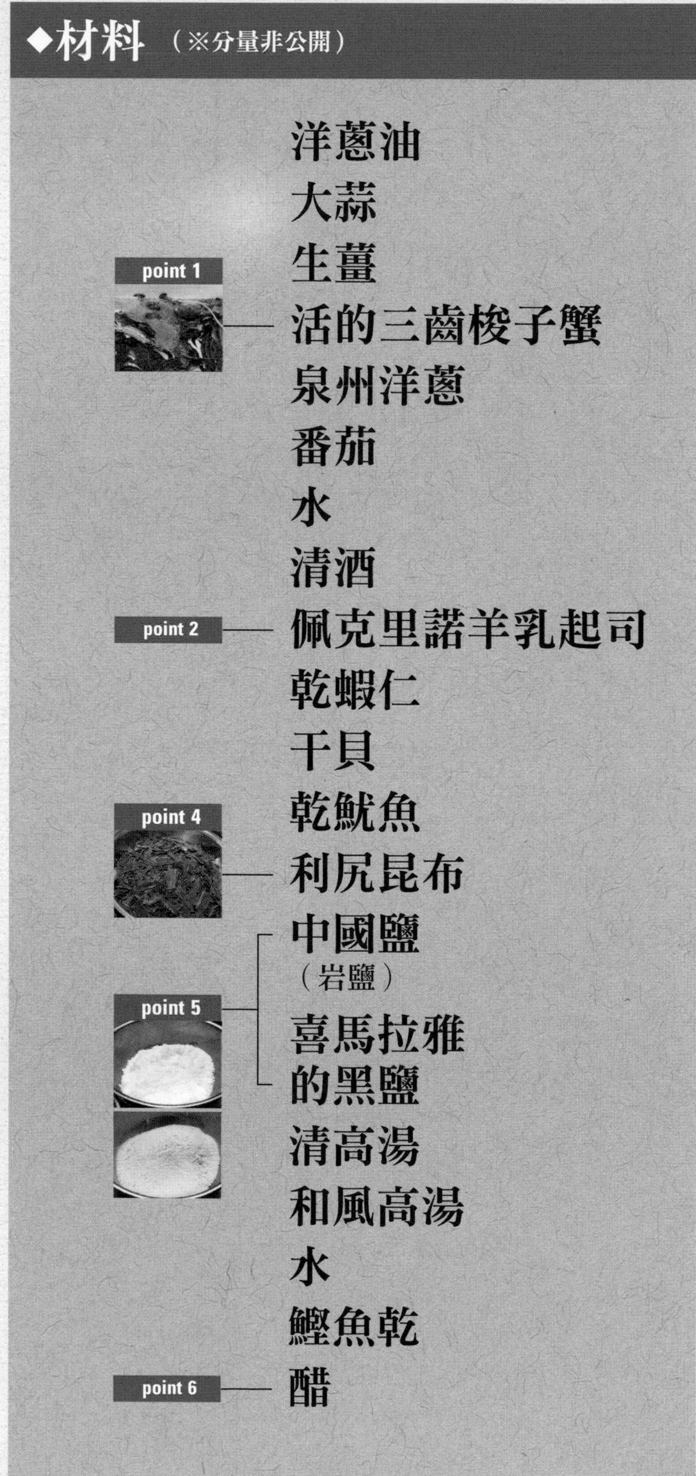

◆三齒梭子蟹醬汁的作法

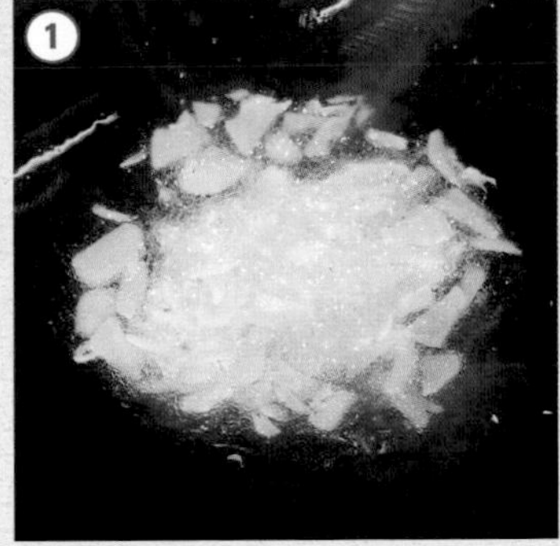

加熱洋蔥油，爆炒大蒜和薑片。洋蔥油是用泉州洋蔥製作而成。也可作為香味油使用，具有除腥的作用。

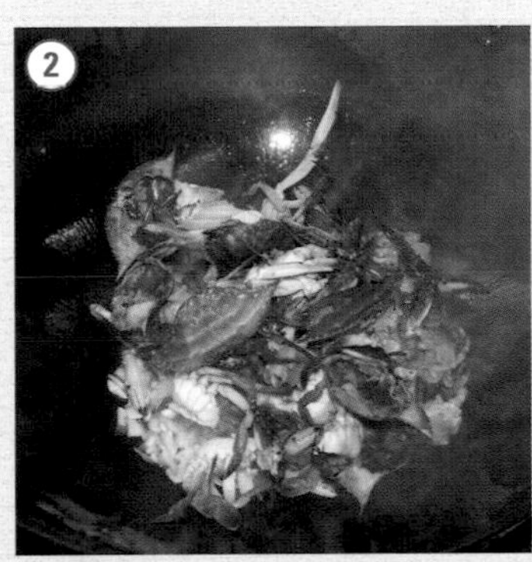

炒到散出香味後，加入三齒梭子蟹用大火熱炒。

point 1　活的三齒梭子蟹

三齒梭子蟹為岸和田產的活蟹。剔除鰓和沙囊。外殼帶有鮮味，保留使用。

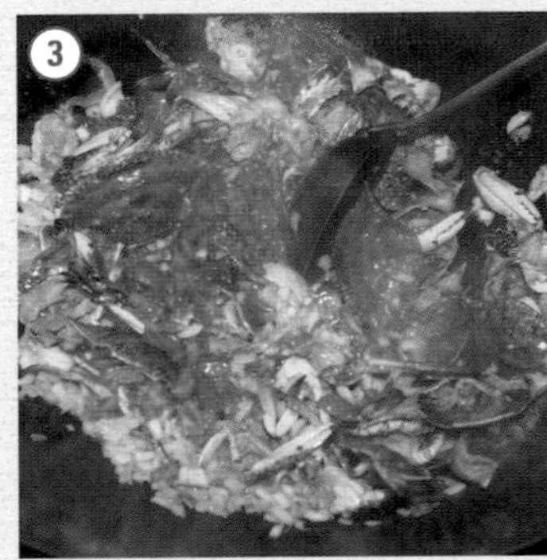

接著，加入洋蔥末，和湯去外皮、切丁的番茄一起拌炒混合。

整體炒勻後，倒入清酒，炒到三齒梭子蟹腥味消除後，再磨碎放入佩克里諾羊乳起司。開大火約煮10分鐘，讓起司乳化。

point 2　活用佩克里諾羊乳起司

起司和三齒梭子蟹非常對味。具有增加濃味與鹽分的作用。起司乳化後臭味即會消失。

倒入桶鍋中，加足水和清酒，熬煮到大約剩一半。

最初的30分鐘火轉小加熱，一面舀除聚在鍋邊的浮沫雜質。經過1小時後，放置10分鐘，讓雜質浮現。2小時裡都會浮出雜質。

point 3　撈除浮沫雜質

火力太強造成對流，出現的浮沫雜質又會回到高湯中，因此2個小時裡，要一面調整火力，一面勤於撈除浮沫。此外，為避免焦底需要混拌，但因雜質遍佈高湯中，所以撈除時小心別壓碎螃蟹。

熬煮到剩下一半時，加入乾魷魚、干蝦仁、干貝浸泡液。再熬煮到剩下一半的分量。

熬煮到剩下一半時，高湯變得十分香甜。這時鹽分濃度標準大約是12。這包括起司、干貝、乾魷魚和三齒梭子蟹的鹽分，將濃縮液用圓錐形網篩過濾。

鹽全部溶化，沒有浮現浮沫雜質後，鹽分濃度變成24，以和風高湯加以調整。趁熱調整鹽分濃度。

用紙巾過濾。加入醋，以延長保存期限。

point 6　夏冬季用調整

夏季加入的醋量比冬季多。此外，還要調整鹽分濃度，夏季比冬季略高。

◆鹽味醬汁完成

趁和風高湯還熱，混入三齒梭子蟹高湯，再加熱。

加入中國產岩鹽和喜馬拉雅的黑鹽，充分混合，約煮2小時讓它充分溶解。

煮開一下，會浮現浮沫雜質，將其徹底撈除。

point 5　徹底撈除浮沫

火力太強，浮沫雜質會回到高湯中，一面注意別過度煮沸，一面撈除雜質。

◆和風高湯的作法

將前一天泡過水的切塊利尻昆布加熱。煮沸後調整火力，讓水面只出現波紋，等鮮味釋入高湯後，加以過濾。

point 4　昆布切塊

使用切塊昆布，較容易釋出鮮味。多製作一些和風高湯備用，最後可用來調節鹽分。

在昆布高湯中放入柴魚片，煮開一下後過濾。

新研發 泉州三味鹽味拉麵

使用泉州產的三齒梭子蟹和泉州洋蔥製作的鹽味醬汁，配菜中有泉州海鰻和泉州水茄天婦羅。麵條中也混入泉州水茄，是運用泉州海產與山產製作的拉麵。該店另推出以相同鹽味醬汁製作的冷拉麵。

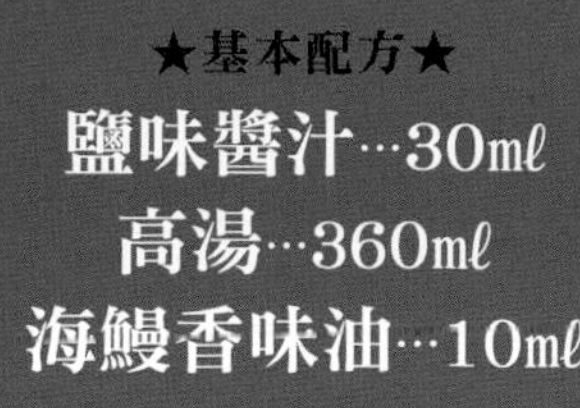
★基本配方★
鹽味醬汁…30mℓ
高湯…360mℓ
海鰻香味油…10mℓ

新研發 冷製、泉州三味鹽味拉麵

這是用相同的鹽味醬汁、高湯、麵條和配菜製作的冷拉麵。省略香味油不用，鹽味醬汁中，富含三齒梭子蟹及和風高湯精華，直到最後一口也不會覺得味道變淡。

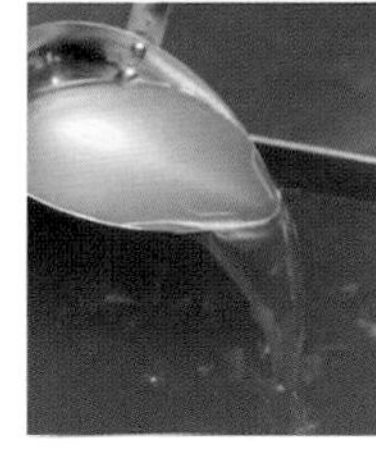

鹽味醬汁

高湯

以雞骨和根菜類為主製作的清高湯，和自製牛蒡乾一起熬煮，特別費心去除腥味與浮沫雜質。在開幕第10年的今年，稍微增加雞骨量和高湯濃度。

香味油

以豬油煮泉州海鰻的魚骨和魚頭、泉州馬鈴薯、泉州洋蔥、大蒜、生薑和辣椒。自今年起，豬油中也混入雞油使用。

配菜

包括以喜馬拉雅的黑鹽調味的泉州海鰻天婦羅（放上梅肉）、泉州水茄天婦羅，竹筍天婦羅、水菜、茼蒿、九條蔥末、香母醋（Kabosu）。

麵條

在麵粉中混入20%的泉州水茄。涼了之後食用，口感尤其彈牙有嚼勁，同時還能吃到水茄的甜味。

麵處　本田

「以海鮮的美味為主體」鹽味醬汁

以4種鮮味料製作溫潤的鹽味醬汁

「麵處本田」的店主本田裕樹先生表示，「我不喜歡醬油味太明顯的拉麵」，因此他研發出味道清爽，色澤清澄的醬油味拉麵「香味雞湯拉麵」，作為該店的招牌商品。

這道拉麵廣受好評，所以開業1年後，在菜單中加入使用相同高湯，所製作的清爽系列「鹽味拉麵」。為了和以雞為主體的「香味雞湯拉麵」有所區隔，「鹽味拉麵」中，使用了以干貝為主的海鮮高湯製作的鹽味醬汁。

製作重點是，先將海鮮類材料浸泡2天的時間，讓鮮味釋出。即使是相同的食材，運用泡水或熬煮不同的方式，獲得的高湯風味也不同，泡水方式也能充分引出濃郁的高湯。

另外，獨特的是該店使用鮮味料，來消除鹽味醬汁的死鹹味。店主認為與其發揮自己的「混合技巧」加入數種材料，倒不如用鮮味料，味蕾還比較不會察覺。本田先生以此技巧和工夫，完成這道能充分呈現海鮮高湯特有鮮味、味道圓潤的鹽味醬汁。

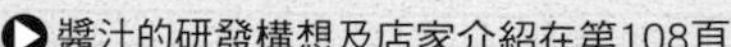
醬汁的研發構想及店家介紹在第108頁

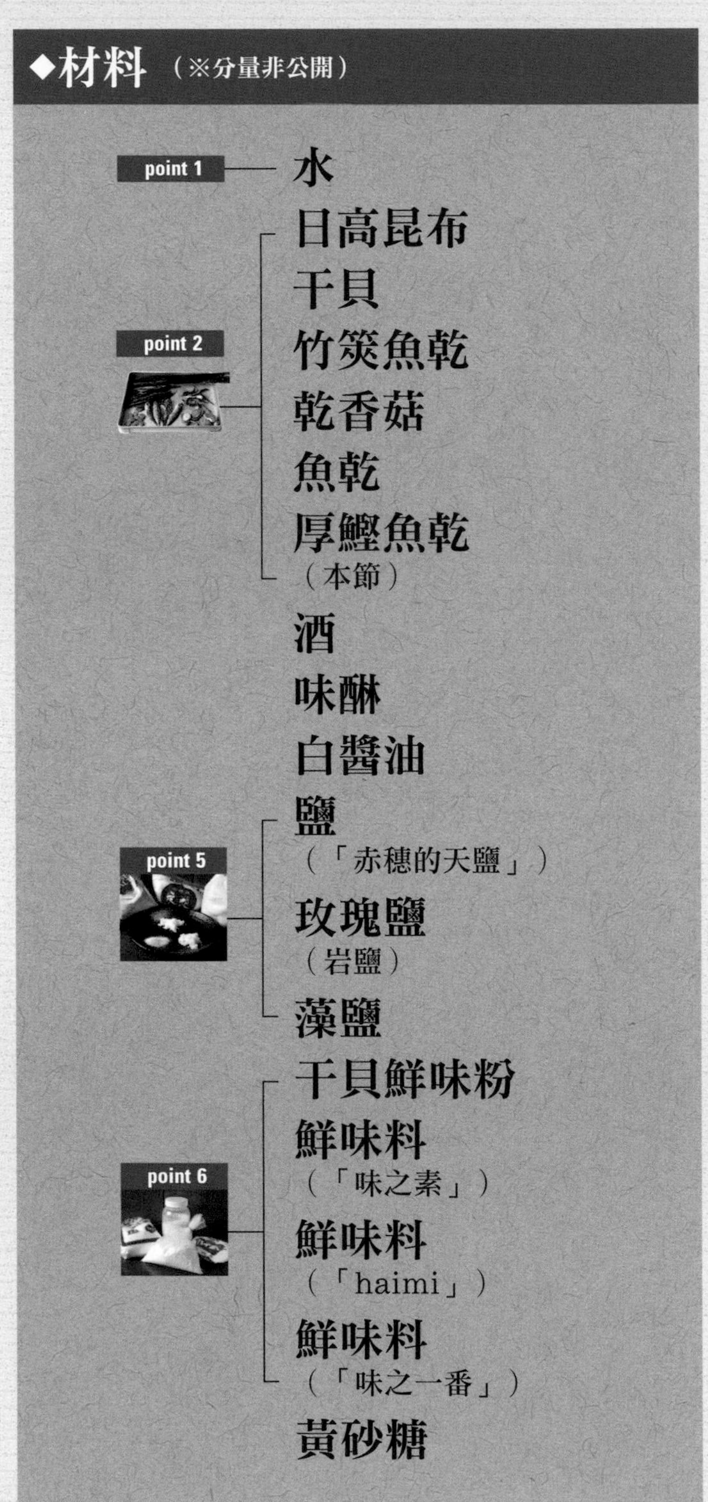

◆材料（※分量非公開）

- point 1 — 水
- point 2 — 日高昆布、干貝、竹筴魚乾、乾香菇、魚乾、厚鰹魚乾（本節）
- 酒
- 味醂
- 白醬油
- point 5 — 鹽（「赤穗的天鹽」）、玫瑰鹽（岩鹽）、藻鹽
- point 6 — 干貝鮮味粉、鮮味料（「味之素」）、鮮味料（「haimi」）、鮮味料（「味之一番」）
- 黃砂糖

◆作法

在6ℓ水中，放入3條50cm的日高昆布、干貝10個、竹筴魚乾5條、乾香菇7朵、魚乾7條和厚鰹魚乾（本節）一小撮。本鰹魚、香菇和干貝直接放入，魚乾類用手大致撕碎放入，昆布對摺放入，以利泡水。

point 1　水

使用以淨水器處理過的水，能讓鮮味充分釋出。

point 2　海鮮類食材

海鮮類食材中的魚乾、竹筴魚乾和厚鰹魚乾，在熬取高湯時也使用。但是，高湯畢竟還是以雞為主（海鮮味太濃，會蓋住雞高湯），海鮮的鮮味以醬汁來補充。

蓋上保鮮膜，放入冷藏室浸泡2天。

point 3　在水中浸泡2天

在水中浸泡2天，讓材料釋出更多鮮味。

將混合酒90g、味醂90g和白醬油180g，加入2中。

point 4　液體調味料的計量

液體調味料以容量（ml）計量易有偏差，可用電子秤秤重（g）。

以中火加熱，一面不時攪拌，一面慢慢熬煮1小時讓它沸騰。

point 5　慢慢煮沸

若煮到水噗滋滋冒泡時，將火轉小，花時間慢慢煮沸。尤其是昆布等食材，在低溫下較能釋出鮮味。

稍微煮沸後熄火。事先將「赤穗的天鹽」280g、玫瑰鹽140g、藻鹽490g、干貝鮮味粉95g、「味之素」110g、「haimi」90g、「味之一番」90g和黃砂糖80g組合，一口氣加入其中。

用湯杓攪拌，一面弄碎材料，一面讓調味料充分溶解。

point 8　充分溶解

調味料若沒有充分溶解，舌頭會感覺有顆粒感，味道也不均勻。

鮮味料充分溶解後，連同鍋子放入冷水中浸泡冷卻。之後過濾，放入冷藏室1週後使用。

point 9　靜置一週

至少靜置一週的時間。經過長時間靜置，鹽味會變圓潤，味道更美味。

point 6　鹽

使用3種鹽，混合岩鹽和海鹽。「赤穗的天鹽」是能給予基本鹹味的鹽，玫瑰鹽具有甜味，藻鹽富含礦物質，適合運用在海鮮高湯中，各具有不同的作用。

point 7　鮮味料

共使用4種鮮味料的品牌。每種各有不同的鮮味，混合使用鮮味料味道才能調和自然，一碗約使用1.7g。

鹽味拉麵　700日圓

這碗拉麵一入口讓人先嚐到干貝油的美味，高湯和醬汁共譜的海鮮美味，讓人每一口都美味。高湯也全部喝乾的溫潤鹽味。

★基本配方★
鹽味醬汁…30mℓ
高湯…300mℓ
干貝油…10mℓ
雞油…20mℓ

鹽味醬汁

干貝油

這是散發鹽味醬汁基材干貝香味的油。在低溫的白絞油中，放入少量的貝柱、魚乾和辣椒，慢慢油炸讓香味釋入油中，再過濾。剩餘的材料可用果汁機攪打成干貝粉。

雞油

從「清爽型高湯」取出的雞油，其中不只有雞味，還有魚乾、柴魚類等海鮮高湯的風味。

麵條

切齒24號、中細直麵。

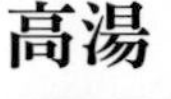

高湯

該店有濃郁型和清爽型2種高湯，鹽味拉麵也兼用和醬油味的「香雞高湯拉麵」一樣的清爽型高湯。雖然是清澄透淨的清爽型高湯，但它是用帶有許多肉的雞骨和全雞熬製，能讓人充分感受雞的濃郁鮮味。因為高湯的味道淡，而且鹽味醬汁略為死鹹，所以表現濃郁的鮮味很重要。海鮮類食材的使用分量，以不會掩蓋雞的風味為前提。其作法如下：鍋裡盛水，放入雞身骨和全雞（老雞），水蓋過材料，大火加熱。轉中火，煮沸後，撈除浮沫雜質，為避免香味散失，以略微煮沸程度的火力來煮。中途加入大蒜和洋蔥，在煮好的2小時前，加入魚乾、青花魚乾、竹筴魚乾、厚鰹魚乾，共計熬煮10小時高湯即完成。撈取表面的油（雞油），冷卻後過濾，放置一晚，即為營業用高湯（左圖）。

配菜

低溫真空烹調製成的豬肩里脊肉叉燒、筍乾、海苔、蔥白絲、水菜、辣椒絲。為了能搭配2種高湯，叉燒製成鹽味。筍乾加上麻油，味道和香味都太濃郁，因此使用太白麻油。

人氣拉麵店店主的

醬汁

調製味道的觀點

◉拉麵 胡心房／野津理惠
◉神泉的拉麵屋 兔子／山田夏大
◉BASSO Drillman／品川隆一郎
◉本枯中華拉麵 魚雷／塚田兼司
◉麵哲支店 麵野郎／庄司忠臣
◉黃金鹽味拉麵 Due Italian／石塚和生
◉拉麵 膳屋／飯倉洋孝
◉支那拉麵 Kibi 神田本店／渡邊保之
◉誠屋 池尻店／宮田朋幸
◉江戶前煮干中華拉麵 Kimihan／小宮一哲
◉味噌拉麵 醉亭／山岸幸治
◉69 'N' ROLL ONE／嶋崎順一
◉Setaga屋／Hirugao／前島 司
◉中華麵處 道頓堀／庄司武志
◉西尾中華拉麵／西尾了一
◉中華拉麵 kadoya食堂／橘 和良
◉戶越 拉麵enishi／角田 匡
◉拉麵 Cliff／大西益央
◉第二代 鮮蝦拉麵 keisuke／竹田敬介
◉麵屋 青山／青山英昭
◉麵屋 庄的／庄野智治
◉鹽專門 龍旗信／松原龍司
◉麵處 本田／本田裕樹

拉麵最重要的是平衡
思考使用材料用途來調配味道

拉麵 **胡心房** 店主

野津理惠

活用高湯鮮味 讓風味保持平衡

店主野津理惠小姐調製拉麵的風味時，最重視的是保持平衡，而非讓某味突出讓人感到震撼，她在設計本書介紹的醬汁配方時，考慮到整碗拉麵的平衡，以下是她的看法。

「拉麵是複合物。即使完成了滿意的醬汁，但不見得能完成美味的拉麵。高湯、醬汁、油及麵條之間的平衡十分重要。我雖然有經驗，但如果想讓味道變濃厚的材料加太多的話，到最後到底要改良味道的哪部分，如何去改良，也會找不著方向。所以，這次不論醬汁、高湯或油，我都設計得很簡單，希望讀者在製作一碗拉麵時，以追求它們彼此間的平衡，來作為調製味道的開始」。

她以用伊比利豬的五花肉製作的高湯，作為拉麵味道的主軸。

選用伊比利豬，是因為它無腥臭味，不必加入多餘的材料，就能直接活用它的鮮味。

為了發揮高湯的風味，醬油醬汁中還加鹽調味，以降低醬油味，及加入味道柔和的干貝來增強美味等，在避免醬汁味太突出上花了許多心思。

為發揮高湯的豬肉甜味，另一項特色是不加砂糖或味醂。像這樣運用高湯美味來調製味道的作法，是野津小姐製作時的關鍵重點。

而且研發時，對於蔥油、生薑等「雖美味，但省略味道依舊能成立的材料」，全部省略不用。

像這樣只用必要食材所完成的拉麵，具有能讓人滿意的深厚美味。她深切期盼讀者能夠重新思考，使用每一樣食材的目的何在。

影響力大的醬汁 任何細節都講究

如前文中野津小姐所述，在維持拉麵平衡的作用上，醬汁占有重要的地位。

「即使高湯不同，但若使用相同的醬汁，也能呈現類似的味道。相反地，儘管高湯一樣，但醬汁不同，拉麵也會有截然不同的味道。我覺得在決定該店的風味上，醬汁堪稱最重要的核心」。野津小姐認為，量少卻影響味道甚大的醬汁，烹調時對細節必須更小心嚴謹，包括火候溫度和計量等。而且，她覺得和每天要準備的高湯不同，耐放又消耗少的醬汁，嚴選所需材料有助製作出理想的味道。

拉麵 **胡心房**

該店提供低油、風味柔和，名為「魚味豬骨拉麵」的豬骨海鮮拉麵，是一家擁有許多女性顧客的人氣店。考慮到營養的均衡，配菜中還加入生菜等，這也是從女性角度來思考的特色。

地址／東京都町田市原町田4-1-1
電話／042-727-8439
營業時間／12時～15時、18時～21時
〔週日、節日〕12時～18時（視銷售狀況加以調整）
例休日／週一（節日時營業）

味道的決定權在於醬汁
該店醬汁是以古法製作的調味料

神泉的拉麵屋 **兔子** 店主

山田夏大

所謂調製醬汁是提引調味料原味的作業

店主山田夏大先生表示，我四處遍嚐美食時，對於拉麵總覺得「太油膩，對身體不好」。於是他決定「我要製作有益身體的拉麵」，2007年5月，標榜不用化學調味料的拉麵店「兔子」，在東京神泉正式開幕。

開幕前，店主花了2年的時間努力反覆試作，研發新風味，不過讓他煩惱的是，這樣的拉麵缺少特有的震撼力。不用鮮味料的拉麵，整體缺乏鮮明的風味，總讓人覺得沒什麼印象。山田先生心想，這樣的話，或許可用調味料補強不足的美味與濃郁度？於是他開始深入研究山田式調味料。

調製醬汁時，首先他考量的是使用什麼調味料。對山田先生來說，「醬汁是軸心，高湯是輪廓」，選用能決定醬汁味道的調味料，是第一步最重要的作業。

遵循古法釀製，是他選用調味料的基準。例如，該店招牌商品「拉麵」中，採用天然釀造的濃味醬油「井上古式醬油」，這次介紹的新研發拉麵中，也採用天然釀造的「三河白醬油」等，主要都選用古法或天然釀造，經長期熟成的調味料。

山田先生表示，因製作調味料的食材本身即富鮮味與濃厚美味，即使不用鮮味料，也能展現醇厚美味。為了提引出調味料的原味，在調製醬汁整體風味時，須留意儘量簡單。

山本先生認為，講究的食材儘管成本高，但「某程度來看避免不了」。雖然他所設定的成本上限為40%，但因自己負責廚房事務，可不計成本投入時間人力來節省成本。

不過，因為優質調味料風味醇厚，所以還兼具只使用少量，就能達到效果的優點。

目前「兔子」使用的醬汁，只有拉麵用的醬油醬汁一種。以此醬汁為基底，加入變化即成為沾麵的沾汁，所以並不需要特別費工夫準備。擔擔麵也用相同的醬汁，只是利用不同的辛香料來變化風味。而季節限定商品，基本上也使用相同的醬汁。

山田先生表示，「不論是相同的高湯或醬汁，只要加入少許調味料和香辛料，都能活用在其他麵品中」。

神泉的拉麵屋 **兔子**

該店標榜「使用天然食材，完全不用鮮味料的拉麵」，是一家自2007年開幕至今，堅持不用化學調味料的人氣拉麵店，主要的客源為鄰近的上班族，也深受許多女性顧客的喜愛與支持。使用「井上古式醬油」的招牌商品「拉麵」，味道鮮美又柔和。

地址／東京都澀谷區神泉町8-13
電話／03-3464-4111
營業時間／11時30分～15時、18時～23時
〔週六〕11時30分～15時
例休日／週日

醬汁的材料及作法在第016頁

善用嚴選的大豆醬油
完成表現醬油美味的醬汁

BASSO Drillman 店主

品川隆一郎

符合乎自己的理想
秋田天然釀造大豆醬油

「BASSO Drillman」自2007年6月開幕以來，一直高朋滿座，保持不墜的人氣。需要費心製作、味道醇厚的豬骨海鮮「沾麵」，除了妙用醬汁風味的沾汁，還採用日本產小麥自製的彈牙麵條，成為該店的主力商品，廣受各年齡層顧客的喜愛。

「以講究的材料，製作能表現優質食材的美味拉麵」，是店主品川先生的信念之一。

品川先生出身秋田縣，製作拉麵時自然想到使用比內地雞、小麥粉等這些秋田的食材。

但是，為了深入找出適合的醬油，他曾從網路、百貨商店等地搜羅全國各地的醬油，不斷的試味尋找。

從中，他終於找到這次主要使用的天然釀造大豆醬油「百壽」。它依舊是故鄉秋田縣的醬油，不論在香氣或味道上，各方面都符合品川先生的要求。

逐漸減少材料，
並善用調味料

品川先生調製醬汁之初，焦點放在醬汁本身要呈現的味道，因此用了許多材料開發出十分複雜的醬汁。但是，他逐漸意識到完成的拉麵的整體風味，隨之也開始減少製作醬汁的材料，希望簡單就能完成。

「有段時間我的作法是在醬汁中使用柴魚高湯，但是高湯中若想明顯表現柴魚風味的話，即醬汁中沒用柴魚也無妨。我認為活用選擇的調味料味道，就能簡單的完成醬汁」品川先生表示。

之所以有此想法，據說是因2年前，他參加餐廳員工旅遊活動，並前往秋田參觀「百壽」釀造廠的機緣。

「配合釀製所需，釀造廠裡的人輪番守夜。我與堅守古法釀製醬油的師傅直接對話，身為一個料理人，非常希望能展現這個醬油的優點，因此在製作這次的醬汁時，我把重點放在這個醬油上。」

就像這次的醬汁，品川先生調製醬汁的出發點，也鎖定調味料。不過，他表示當然也不能過度依賴「沒這個調味料就不行」，思索自己選用的調味料該如何運用、能有什麼樣的表現，才是最重要的。

BASSO Drillman

曾在多家著名餐廳累積經驗的品川先生，於2007年6月獨立開業。經不斷研究，使用自製麵製作的「沾麵」，深獲顧客好評，店面雖設在距離車站稍遠的巷子裡，但門前依然大排長龍，是一家知名的人氣麵店。

地址／東京都豐島區西池袋2-9-7
電話／03-3981-5011
營業時間／11時30分～21時（視銷售狀況加以調整）
例休日／週一（遇節日則隔天休）

醬汁的材料及作法在第019頁

自學研究食材的使用法
活用食材美味的醬汁

本枯中華拉麵　**魚雷**　店主

塚田兼司

製作不同的醬汁 食材的處理方式也不同

店主塚田兼司先生以長野縣為起點陸續增設分店，不斷為顧客提供構思新穎的拉麵，例如用虹吸式咖啡壺萃取柴魚高湯的「本枯中華拉麵」等。他從全國各地訂購優質食材，像枕崎產的本枯柴魚、瀨戶內產的乾海參、青森產的赤雞等，活用它們製作的美味，也深獲顧客的好評。

塚田先生最重視的，依然是如何才能提引出優質食材的最大美味。除了使用容易溶出食材美味的逆滲透水之外，還研究各食材的火候溫度，及加入的最佳時間點，並活用在製作醬汁中。

「例如，是想取得昆布的清澄高湯，還是連昆布的雜味或黏液都想使用。即使只使用昆布一種材料，也會因製作的醬汁不同，而有不同的處理方式。首先，自己必須不斷嘗試，才能掌握食材的火候或取出的時間點等」塚田先生建議道。

而且，塚本先生認為，醬汁比高湯的鹽分高，更難處理，所以若花費相同的成本，與其使用少量的高價食材，還不如大量使用平價材料，這樣可以更有效率的製作出高鹽分的醬汁。

醬汁味道每天在變 連靜置時間也要考慮

「醬汁可以說決定拉麵大半的美味。換句話說，如果醬汁美味，才能完成美味的拉麵」塚田先生如此表示。因此，他認為在製作拉麵上，醬汁占有重要的地位。

「製作醬汁絕不可忘的是，醬汁的味道每天都在變。隨著時間的遞移，鹹味會慢慢變溫潤，一週和一個月後的溫潤感完全不同。醬汁連靜置的時間都應仔細考慮到」。

例如，這次製作的鹽味醬汁，為了靜置期間不讓風味散失，磨成粉的干貝、櫻花蝦等，塚田先生都沒過濾，而直接保留在醬汁中，費心的來維持海鮮風味。

而且，「醬汁的鹽分高，使用時必須注意」。考慮到作業的效率，醬汁無論如何得一次大量製作。像是開蓋造成水分蒸發等情況，即使在保存狀態下，味道也會改變。

考慮到這些層面的話，為了讓醬汁味道保持穩定，混合新舊醬汁也是製作時的一項技巧。

本枯中華拉麵　**魚雷**

「魚雷」是Bond of hearts集團旗下的餐廳，自長野縣開設第一家店起，陸續在東京、金澤等地區開設，目前共計有11家分店。該店使用最高級的鰹魚乾、本枯節柴魚等高級食材，提供能刺激五感的「本枯中華拉麵」和「沾麵」等，深獲廣大顧客的好評。

地址／東京都文京區小石川1-8-6
Arushion 文京小石川102
電話／03-5842-9833
營業時間／11時～15時、18時～23時
例休日／週三

醬汁的材料及作法在第022頁

目的在享受美味的麵條，醬汁中不需小細工

麵哲支店　麵野郎 店主

庄司忠臣

鹽味醬汁＋熱水的拉麵能讓人吃出麵條美味

庄司先生新研發的「鹽和熱水拉麵」，雖然不用高湯，卻快速又美味。明明是熱水，組合樸素的鹽味醬汁和良質雞油，也能呈現拉麵的風味。

為什麼那麼好吃呢，庄司先生說「因為麵條本身就很美味」。

該店採用自製麵條，是以名古屋九斤雞的蛋、水和小麥粉，用真空攪拌機中充分混合攪拌，製成含水率42％、切齒18號的高含水麵條。因為這個麵條的味道、風味會融入熱水中，所以只組合熱水、鹽味醬汁和雞油，吃起來就很美味。

鹽味醬汁＋熱水這樣的極簡高湯，最適合用來檢視麵條的味道，據說庄司先生製作新麵條時，都用這種方法來試味。

醬汁中，也選用單純能有效運用的調味料

對庄司先生來說，拉麵的核心是「麵條」。「麵哲」自2003年開業以來，一直追尋「出色的麵條」。因此，高湯扮演突顯麵條的角色，那麼醬汁的作用就是用來突顯高湯。醬汁中加太多美味的材料，也可能使高湯喪失風味。所以，庄司先生認為，簡單一點的醬汁反而好，而且簡單的東西，還能廣泛應用。

為了製作簡單的醬汁，選擇調味料時也很單純明確。

鹽是採用製麵時也會用的天外天鹽，以及無苦味，鹹味溫潤的內蒙古產岩鹽，都是和麵條的鹽組合很對味的鹽。

醬油採用當地人熟悉，關西特產的Higashimaru。庄司先生在鹽味醬汁加入醬油，就像日本料理中，最後在海鮮高湯中加入1滴淡味醬油來調味的感覺。

味醂選用具天然甜味的產品。醋是用當地人熟悉的米醋，它能使麵條和油更加融合。庄司先生覺得，剛開始為了穩定味道，使用鮮味料無可厚非。若是使用鮮味料，可以少用點高級食材。

接著，下一個階段才開始努力研究，如果不用鮮味料，最好加入什麼材料，又該如何添加。庄司先生指出，這樣的學習過程是「製作屬於自己的拉麵風味」的重要步驟。

麵哲支店 麵野郎

2003年「麵哲」開幕。2007年開設「麵哲支店　麵野郎」。該店不論拉麵或沾麵都極受歡迎，是關西首屈一指的人氣店。使用含水率高達40％以上的自製麵條，富手工感的麵條深獲大眾喜愛。

地址／大阪府池田市豐島南1-10-3
上田Building 1F
電話／072-762-8170
營業時間／週二～週五21時～隔天1時30分、週六和週日12時～15時、18時～21時
（視銷售狀況加以調整）
例休日／週一
（週一遇節日時，改隔天週二休息）

醬汁的材料及作法在第025頁

並非製作鹽味的拉麵 而是洋溢食材風味的拉麵！

黃金鹽味拉麵 Due Italian 店主兼主廚

石塚和生

具調整全體的作用，能夠影響味道的醬汁

從義大利料理轉而投身拉麵界的石塚先生，他以「黃金鹽味拉麵」為首，使用既定觀念中想像不到的拉麵食材，例如麵條中加入番茄、戈爾根佐拉起司、檸檬、粗碾小麥粉等，不斷提供富創意的拉麵。

裝潢時尚的拉麵店，吸引了許多女性顧客，即使在拉麵界中，也顯得與眾不同。「料理人想呈現的味道，店面位置與顧客層等，每家店都不盡相同，基本上，我覺得追求自己喜愛味道，製作屬於自己的味道就行了」石塚先生表示。

「醬汁只不過是構成拉麵味道的元素之一。就像管弦樂團，其中有一項樂器的聲音太突出，整體就無法和諧。所以，最重要的是讓高湯、香味油和麵條等整體保持平衡」，石塚先生先如此說明，接著表示「其中，負責調整味道的就是醬汁」。

依食材不同狀態等因素，高湯每天的味道都會受到影響。而且，若使用天然食材，受影響更是理所當然。這時，醬汁便可用來調整走味的高湯，或是穩定味道。

「但是，像鹽味醬汁只需一滴，就會嚴重影響味道。因此，我店裡的醬汁一定會仔細計量後再加入高湯中，而且高湯的狀態不同，每天加入的分量也不同。究竟是加一平匙，還是因表面張力高於匙面，我都會明確註明，張貼在廚房」。

使用大量食材 充分活用原味

這次，石塚先生使用大量蛤蜊熬製貝類高湯，為我們設計製作鹽味醬汁。過去他也曾製作只有鹹味的鹽味醬汁，不過這次他以食材的鹹味為基底來調製味道。

「雖然只是簡單稱為「鹽味」，但其實裡面含有各種鹹味。我製作海鮮義大利麵時，什麼調味料都不加，只充分運用食材的原味。不過，當然，我用的海鮮食材分量是義大利麵的3倍」。

使用大量食材，充分活用食材的原味來呈現美味，是石塚先生料理的信念之一。

「我曾經多次被顧客問道『這個拉麵是什麼味道？』。當時，如果是這次的情況，我便會堂堂的回答「蛤蜊味」，我希望能活用食材製作拉麵，因為，過程中一定能得到一些收獲」石塚先生建議道。

黃金鹽味拉麵 Due Italian

2009年4月，「黃金的鹽味拉麵」的招牌正式啟用。原為義大利料理主廚的店主石塚和生先生，料理重心放在製作能兼顧健康與美容的拉麵，女性顧客便占七～八成。吉祥寺另開設提供拉麵&義大利料理的分店。

地址／東京都千代田區九段南4-5-11-1F
電話／03-3221-6970
營業時間／11時～15時、17時～22時
〔週六〕11時～22時
〔週日、節日〕11時～21時
（※視銷售狀況加以調整）
例休日／無休

▶醬汁的材料及作法在第028頁

濃郁的高湯組合單純的醬汁，完成百吃不厭的滋味

拉麵　膳屋　店主

飯倉洋孝

熬取濃郁高湯 加上醬汁讓它更美味

「膳屋」的菜單中，光是鹽味拉麵這一項，就深深吸引頻頻遠道前來的老主顧的目光。據說，花了很長時間開發麵品的「膳屋拉麵」，平衡搭配多樣食材的美味，所展現出的溫和美味，深獲顧客一致好評。

店主飯倉先生的目標，是製作出「讓人每天吃也吃不膩的美味」。飯倉先生調製味道的想法，是先製作濃郁的高湯，再配合高湯製作醬汁。

豬骨中還加入絞肉、五花肉和全雞等，以充分發揮肉的美味，另外也加入大量的昆布和香味蔬菜，以不滾沸的小火慢慢熬煮出味道濃郁的高湯。

醬汁則簡單製作，不加任何多餘的材料，以呈現令人百吃不厭的風味。飯倉先生表示「熬取濃郁的高湯，這樣即使只用鹽調味都很美味，這是我研發拉麵的看法。不過，因為在高湯中加入醬汁，不但拉麵會變得更美味，還能穩定味道，所以醬汁也是很重要的一環」。

大量使用酒和昆布 以加乘效果提升美味

飯倉先生製作醬汁的觀點著重在簡單，選擇食材和使用方法即成為鹽味醬汁的製作重點。

首重的食材是「鹽」。在嚐過各式各樣的鹽後，他選用中國福建省的天然海鹽。「我不用會讓舌尖鹹到發辣的鹽。我挑選的這種鹽，吃起來味道感覺很溫潤，很符合我的理想」飯倉先生說道。自該店開幕以來，營業用醬汁中也一直使用這種鹽。

該店拉麵的特色是，大量使用昆布和酒。因為它們是突顯美味不可或缺的食材，因此與其單獨使用，兩者相加對提升美味更有加乘效果。

飯倉先生表示「我們店大量使用的昆布，是選用成本和味道都能保持良好平衡的日高昆布」。他調製味道的重點，是善用日本人味蕾熟悉的兩樣食材具有的美味。

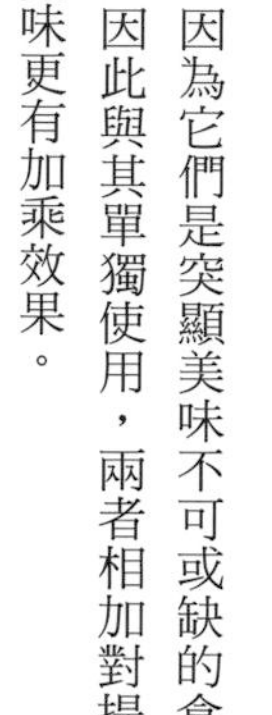

這次飯倉先生為我們設計的鹽味醬汁的配方，畢竟是從基本的觀點出發，他表示希望讀者能夠自行研發，設計出屬於自己獨特的醬汁。

研發設計的要訣之一，是換用不同的鹽。「只需換用不同的鹽，就能完成風味截然不同的鹽味醬汁。除了海鹽之外，我想用岩鹽也不錯。請配合自家店的高湯，尋找適合的鹽，來創作獨特的風味吧」。

拉麵 膳屋

膳屋座落於埼玉新座的住宅區，於1999年開幕。自公務員退休的飯倉洋孝先生，自學開發出鹽味拉麵，在很短的時間內就發展成門庭若市的人氣拉麵店。現在，以研發更新的美味作為目標，以期讓鹽味拉麵維持美譽。

地址／埼玉縣新座市野火止4-9-8
電話／048-477-2232
營業時間／11時30分～視銷售狀況加以調整休息時間（15時～16時左右）
例休日／週二、週三

活用每天變換的限定麵研發工作
也思考容易製作的完成狀態！

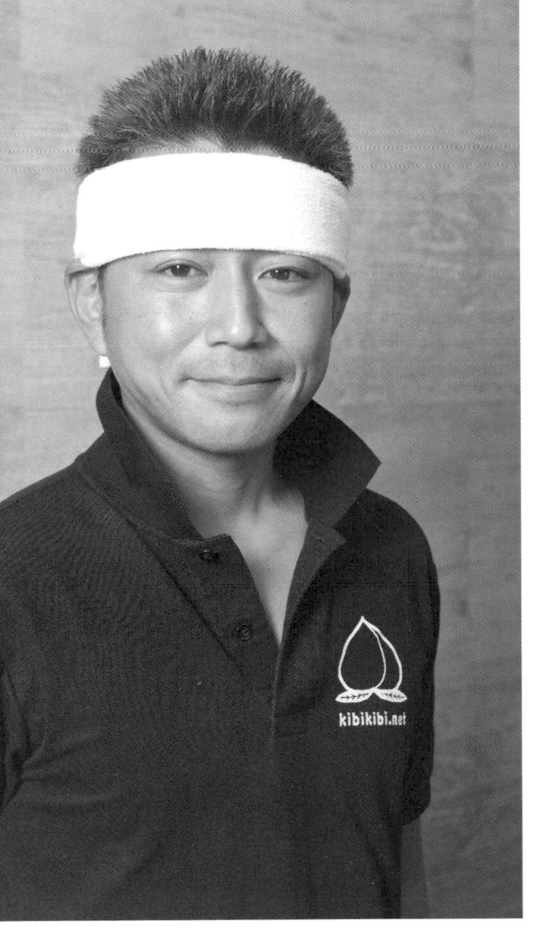

支那拉麵 Kibi 神田本店 店主

渡邊保之

先製作高湯，再配合高湯製作醬汁

店主渡邊保之先生於2000年1月，開設「Kibi」拉麵店。之後，又增設也販售「Kibi」的支那拉麵的「Kibi桃太郎外傳」，以及提供蔬菜濃湯拉麵的「松風」等系列店。

現在，在泰國的曼谷和香港等海外各地，也準備開設分店，包括在「Kibi」本店僅週六營業的牛骨拉麵專賣店「週六的牛日」等，目前共有8家店。

各店供應的拉麵，全都是渡邊先生研發設計的。

他表示「在店面增加的現在，為了讓任何員工都能夠煮出相同味道，我花了許多工夫，在研究如何儘量簡化製作流程，以及儘可能簡單的計量分量」。包括醬油、鹽等，在各店分別使用大約4種醬汁，但所有醬汁的配方分量都沒有尾數，都是調配成容易計量的數值。

渡邊先生的觀念是「拉麵需優先考量高湯」。為此，他在設計新拉麵時，第一步會從調製高湯的味道著手，先決定到底想製作哪種高湯的拉麵。接著思考這種高湯需搭配哪種醬汁才適合。他表示「在『Kibi』製作每月變換新口味的限定拉麵的經驗，對我有很大的幫助」。

「Kibi」的限定麵，每個月都設計新的風味，不論是高湯、醬汁或當月的營業用材料全部更新。長期以來一直堅持每月創作新的口味。

「至今我擁有製作數百種醬汁的豐富經驗，不知不覺間，腦中能想像出完成後的具體味道。

組合哪些食材，才能重現那種味道，之後，我只要進行整理工作。例如，單用這項食材，甜味和鮮味太淡，還可以加入味醂補強等等」。

根據高湯準備醬汁，使拉麵呈現整體感

調製新口味拉麵時，渡邊先生最重視高湯和醬汁之間的平衡。他認為，讓拉麵呈現整體感十分重要，就像每次試作的鹽味醬汁，他時常將醬汁搭配高湯來製作。

在準備階段使用的高湯食材，若能儘量活用作為配菜，不只能夠使拉麵呈現整體感，也不會浪費食材，可謂一舉兩得。「我也會使用叉燒肉的煮汁來製作醬油醬汁。一碗拉麵中使用相同的元素，不但整體較易呈現統一感，味道也會更濃郁。」

支那拉麵 Kibi 神田本店

該店於2000年1月開幕。是一家提供古早味支那拉麵的人氣店，週六時會變更店名，成為牛骨專賣店「週六的牛日」來營業。除了位於品川車站前的系列店「Kibi　桃太郎外傳」、麵達七人眾「品達」外，在泰國的曼谷也計畫開設分店。

地址／東京都千代田區神田小川町1-7 1F
電話／03-5283-7707
營業時間／11時～22時（週六是「週六的牛日」營業。11時30分～21時）
例休日／週日、節日

醬汁的材料及作法在第034頁

每天勤加練習，以「完美」的味道為目標！

誠屋 池尻店 店主

宮田朋幸

就算完成大概的味道 想再微調數公克都很難

以2004年開幕的八幡山店為首，「誠屋」在東京共開設3家店面。池尻店是2010年4月開幕。該店以濃厚的豬骨醬油拉麵為主軸，還提供沾麵和使用辣油的紅辣麵。目前店裡共準備2種醬汁，一是拉麵用的醬油醬汁，以及加入昆布等變換風味的沾麵、紅辣麵用的醬油醬汁。

店主宮田朋幸先生表示「我的店是以高湯為主角。高湯需花長時間仔細熬煮製作，醬汁的作用是用來突顯高湯的味道」。

「誠屋」運用不同濃度的3種豬骨高湯，宮田先生一面相互補充調和，一面進行準備工作。即使最後完成時味道都一樣，但在準備的過程中，各別看來完全像是「不同的高湯」。

這次新研發的醬汁，宮田先生在設計之初，不決定要混入哪種高湯中。而從適合所有人的「樸素味噌拉麵」的主題來看，最後選出味道最淡的第一道高湯。

「因為營業用的濃厚高湯的衝擊性太強，無法做出適合眾人的口味」。

宮田先生用2種無異味的米味噌為底，一共混合4種味噌，以追求醬汁的深奧厚味。

為了在醬汁中加入較濃的甜味和鮮味，他不用砂糖，而使用奄美大島的黑糖。「我想要博得多數人的喜愛，還是需要某種程度的甜味」。

醬汁中還有恰到好處的辣味，讓人直到最後也不覺得膩，宮田先生處處都下足工夫。

關於醬汁，宮田先生說「大約八成的味道在初期就已完成，之後想微調數公克都很難」。據說，他初期調製醬汁時，光做微調就花了5個月的時間。

「儘管我竭盡心力去完成『完美』的麵品，但今後仍需不斷的練習。材料和當初用的雖然差不多，可是做法上我仍會一點一點慢慢的改變，目的是為了讓味道更臻完美」。

因為醬汁是全部在各家店準備，考慮到工作人員的作業情況，宮田先生在設計調製流程時，會特別注意儘量簡單。在試作階段，他一面調製味道，一面還要考慮作業時間與勞力。

「我原想請業者負責全店所有的準備工作，但因做不出理想的味道而放棄。步驟單純並不等於能簡單重現美味，這點倒是奇怪」。

誠屋 池尻店

誠屋在東京八幡山、大森山王和池尻共開設3家店面，是一家人氣拉麵店。招牌商品是在濃厚的豬骨高湯中，組合清爽的醬油醬汁的拉麵，使用石垣島辣油的紅辣麵，也深獲死忠顧客的支持。系列商店「百麵」，在世田谷剛開設3家店舖。

地址／東京都世田谷區池尻2-34-12
電話／03-3424-0733
營業時間／11時30分～隔天1時
例休日／無休

醬汁的材料及作法在第037頁

醬汁刻意低調
以突顯高湯風味

江戶前煮干中華拉麵 Kimihan 店主

小宮一哲

店主小宮一哲先生（左）和根岸本店店長天沼泰喜先生（右）。該店由天沼先生負責調製麵品風味。圖中他正在向小宮代表請益。

考慮和高湯之間的平衡 而非食材本身的味道

屬於人氣沾麵店「TETSU」旗下餐廳，店主小宮一哲先生以首都圈為中心，共打理11店，他明白表示「包含所有的連鎖門市，醬汁中所用的食材，我都只用超市中也能買到的一般材料」。小宮先生製作的拉麵，不管任何口味都是「以高湯為主角」。

他認為使用大量骨頭和魚乾等食材，花時間仔細熬煮的高湯中，不需要加入個性突出的醬汁。「剛開始我覺得使用高級食材比較好，但後來覺得也未必。例如，剛出廠的味噌或醬油等食材，用於醬汁中風味太鮮明突出，會破壞辛苦熬煮的高湯味道。最要緊的，不是醬汁本身味道好不好，而是它和高湯混合時，兩者是否能夠平衡。我發現，個性不鮮明的普通味噌和醬油，反而更能突顯高湯的味道」。

小宮先生研發新拉麵時，最先會考慮製作高湯。完成高湯的味道後，才著手製作要襯托該味道的醬汁。醬汁分成醬油味、鹽味或味噌味，所以不能有強烈的個性。

希望常提供相同的味道 醬汁設定較多的分量

開店後不久，小宮先生在研究少量的醬汁中，要維持多少濃度的鹽分。「我心想，辛苦熬製的濃郁高湯，若加入太多量的醬汁，高湯的濃度便會降低」。

但是，即使完成精緻的味道，但如果經常無法提供相同的味道，擁有分店也沒意義。在店面數增加，店員也增加的現在，小宮先生興起和開店當初全然不同的想法。

「每次若能正確計量還沒問題，但老是要加加減減。一人份醬汁的分量當初設定很少，即使只有很小的誤差，味道也會大受影響。

例如40ml的分量少1ml，和20ml少1ml的分量相比，1ml具有的重要性不同。一人份若使用較多量的醬汁，計量時，即使有若干的誤差，對味道的影響也很小。

最近，即使鹽分等量，我還是使用多量的醬汁來調製味道，以便讓任何人都能做出相同的味道」。

江戶前煮干中華拉麵 Kimihan 根岸本店

該店為人氣沾麵店「TETSU」集團旗下的其他類型餐廳，2010年3月開幕。以魚乾為主要材料的海鮮高湯風味，受到大眾矚目。4月22日2號分店在五反田店開幕，未來計畫繼續增設分店。

地址／東京都台東區根岸3-3-18
電話／03-3874-8433
營業時間／11時～15時、18時～23時
例休日／無休

醬汁的材料及作法在第040頁

注重味噌醬汁和高湯風味
思考火候和保存方法

味噌拉麵 **醉亭** 店主

山岸幸治

為發揮味噌風味 管理加熱和保存溫度

味噌拉麵比醬油拉麵更易有濃厚風味，比起濃厚風味，店主山岸先生更重視味噌的風味。

他注重味噌醬汁的風味，也重視高湯的風味。因為拉麵上放有大量蔬菜配菜（加絞肉共200g），風味不足的高湯與其相較之下，會顯得相形見絀，無法令人滿足。

山岸先生先用新鮮豬腳、豬大腿骨、背骨、雞身骨、雞爪和香味蔬菜，以不滾沸程度的火候熬煮，完成風味絕佳的高湯。

而且，為縮短製作高湯時間，食材事先都費工切細。做好的高湯也立即冷卻，以避免高湯風味散失，並區分白天和晚上的使用量。

製作味噌醬汁時，也希望別讓味噌風味散失。

具體來說，就是不過度加熱。店主是用「紅一點」和「微笑紅一點」（均為岩田釀造）2種北海道產味噌，加上切末蔬菜、調味料、豬油和麻油混合後加熱，當油和味噌融合後，立刻熄火。加熱時要用大木杓混拌，以免焦底，同時注意油是否已充分融合。為了突顯味噌風味，混合的芝麻粉也是使用該店剛炒磨好的自製芝麻粉。

熄火後，立刻讓醬汁冷卻，冷藏。冷藏的過程中，要混拌數次，等它變冷凝結後，密封放入冷藏室靜置10～14天再使用。

運用味噌湯的要領，麵快完成前迅速融入味噌醬汁

味噌醬汁在烹調上，也以風味為優先。有的店會用油先炒焦味噌醬汁再料理，但「醉亭」不這麼做。該店是讓味噌醬汁瞬間融入高湯中，趁拉麵散發最佳的味噌風味時上桌。

用少量豬油，迅速拌炒黃豆芽和韭菜後取出。

鍋裡續放豬絞肉拌炒，再倒入高湯，加入高麗菜和胡蘿蔔，煮沸後，麵碗中只倒入高湯。麵碗事先已倒入味噌醬汁，並隔水加熱溫過。

之後熟練的放入剛煮好的麵條，上面再放上蔬菜配菜。拉麵快完成前，味噌醬汁才融入高湯中，上桌時剛好散發出冷藏時被鎖住的味噌風味。

味噌拉麵 **醉亭**

該店為了與札幌味噌拉麵的訴求區隔，店主研究高湯、味噌醬汁的烹調方式，經反覆改良，完成不油膩又能吃到美味蔬菜的味噌拉麵。它和水餃廣獲女性與家族型顧客的好評。

神奈川縣橫濱市中區麥田町4-99
電話／045-624-3749
營業時間／11時～15時、18時～23時
例休日／週三（遇節日營業）

醬汁的材料及作法在第044頁

以極小單位一一探究
以追求樸素的風味

69 'N' ROLL ONE 店主

嶋崎順一

混合生醬油使用 兼具濃度與清爽感

店主嶋崎順一先生，將高湯和醬汁的關係比喻成「戀人」。就像只有戀人才能形成的緣分和氛圍一樣，也有組合高湯和醬汁才能表現的風味。嶋崎先生追求的組合是，比內地雞熬煮的簡單高湯，搭配生醬油製作的樸素醬油醬汁。正因為簡單樸素，所以他對於每一樣材料和作業都經過極仔細研究，讓風味進化。

選用生醬油，是因他喜愛醬油瀰漫在口中的華美風味。為發揮這樣的風味，嶋崎先生不加入鹽和高湯材料，而以3種生醬油為主體，只加入少量的和三盆糖、味醂、蘋果醋和鹽滷。

以往，為了補足鮮味，會加入昆布高湯、魚露和乾魷魚等，但除去這些材料，才能突顯生醬油的風味。

「製作樸素的醬油醬汁時，我建議最好混合數種，不要只用一種醬油」嶋崎先生根據經驗做此建議。

他開業時，只使用具有豪華風味，群馬產的一種生醬油，不過開幕3年後，加入風味濃郁、熟成期長的和歌山產生醬油，後來，他想加強黏稠風味，於是又加入風格鮮明的長野產生醬油。像這樣將不同特色的生醬油混合，熟成後的醬汁中，同時兼有「溫潤的濃郁度」與「豪華的清爽感」兩種相反的風味，更加提升味道的深奧度。

此外，嶋崎先生重視「調製能深入潛意識的風味」。

醬汁中加入微量的和三盆糖、味醂和蘋果醋，都是達成此目標的食材。幾乎無感的微量甜味與酸味，為的是讓顧客興起「還想再來一碗」的念頭。嶋崎先生表示，少用優質品是他運用食材的重點。

正如第45頁所述，嶋崎先生製作醬汁時，使用的每種食材，進行任何作業都有其原因。

他會腳踏實地的一步一步找出溫度、時間和分量的正確值。例如溫度，他是貼在鍋上，1℃、1℃的試味道，花很長的時間徹底找出最佳溫度。

「製作單純的東西時，必須好好思考，即使1ml、1g、1℃、1秒等細微的單位，可能帶來很大的影響。我想一個個逐一探究，讓味道更進步，也可說是單純的另一側，還有產生飛越般美味的空間。」

69 'N' ROLL ONE

2005年12月開幕，2011年2月遷至町田車站附近。簡單又濃郁的拉麵，加上店主專注努力的態度，也深受專家們的矚目。店內還提供雞高湯中混合竹筴魚高湯的鹽味拉麵等。

地址／東京都町田市原町田3-1-4
町田terminal plaza 2F
電話／非公開
營業時間／11時～17時（視銷售狀況加以調整休息時間）
例休日／不定休

醬汁的材料及作法在第047、068頁

讓醬汁具有獨特個性 以期和其他店加以區隔

Setaga屋／Hirugao 店主

前島　司

沒有固定的菜單 持續琢磨更佳風味

以「Setaga屋」、「Hirugao」為首，經營多家人氣店的店主前島司先生，透過開設二毛作店（Setaga屋／Hirugao）及設計不用調味料的新拉麵（拉麵零）等，在業界位居領導地位。

「製作醬汁時，感覺很像在調製另一鍋高湯，若以車子來比喻，高湯是引擎的話，醬汁就是方向盤。我認為決定拉麵方向的是醬汁。要突顯高湯的個性，全靠醬汁」。調整醬汁中的鹽分時，還要考慮到高湯中含有的鹽分、配菜的性質，及麵的粗細等。前島先生表示「調製醬汁是決定一家店的方向的重要因素」。

「麵品當然要美味，可是想要和其他店有區隔，成為受歡迎的人氣店，醬汁絕不能沒有個性。製作醬汁時，挑選、組合調味料，或是靜置的時間等，都是展現製作者創意和質感的部分。例如，「Setaga屋」是使用非大量上市的二年熟成「下總醬油」，「Hirugao」店是在鹽味醬汁中，混合大骨高湯來增加醬汁的濃度等，讓各種醬汁都具有獨特的個性。根據使用量製作儘管醬汁的成本很高，但我覺得它是決定拉麵風味的重要部分，成本即使稍微高一點也沒辦法」。

前島先生製作的很多醬汁都很樸素。「我家的拉麵高湯味道很鮮美，不破壞其美味成為醬汁的目標之一。而且每家店各自準備醬汁，樸素的醬汁還能避免各家店的味道不一致。我剛開始製作的醬汁較複雜，但經過多年的不斷改良，現已完成十分樸素的醬汁。即使其中一項食材的品質改變，和醬汁之間就失去平衡，所以我沒有固定的菜單」。

前島先生說調製風味時，維持高湯和醬汁之間的平衡是「最困難的重點」。「在數萬種情況下，選出「這個」最佳的味道，絕非簡單的事」。調整精緻的味道，可說是一件令人繃緊神經「擔心又期待的工作」。

「我覺得只有下苦工夫才能精通醬汁的製作，趨近更美味的拉麵。但是，醬汁沒有絕對完成的那一天。一面改良進步，一面繼續不斷的開發，這一點也是製作拉麵最有趣的地方」。

Setaga屋／Hirugao 本店

這是一家二毛作店，晚上是「Setaga屋」，白天變更店名，成為鹽味拉麵專賣店「Hirugao」。「Setaga屋」最初在品川、羽田國際空港和京都設立，目前紐約也有分店。「Hirugao」在東京車站一番街拉麵街上設有分店。

地址／東京都世田谷區野澤2-1-2
電話／03-3418-6938
營業時間／【Hirugao】11時～14時30分
【Setaga屋】18時～凌晨3時
例休日／無休

了解自己要表現的味道，不要太複雜，簡單製作

中華麵處 **道頓堀** 店主

庄司武志

調製的「醬汁」希望呈現醬油原味

自1984年該店開幕以來，庄司先生一如往昔以中華拉麵作為該店的特色風味。

自開店初期，他便採用故鄉山形的淡味醬油，活用此醬油長期製作醬油醬汁。他表示因為充分活用醬油的原味，所以醬油醬汁不太費工，只需簡單製作。

「原本，這個醬油不用加熱，可直接使用生的，最好是能呈現它的原味。可是，生的醬油味道太濃嗆，有時會變色，有時較難保存。因此，製作醬汁時還是需要加熱」，庄司先生說明製作醬汁的必要程序。

醬油醬汁的材料，以2種淡味醬油為主軸，加上酒、味醂等調味料，柴魚、昆布等製作高湯時也會用的海鮮高湯，以及香味蔬菜等簡單構成。

醬油加熱時不煮沸，除了消除濃嗆味，同時還能提引出原來的香味與美味。考慮到拉麵售價和成本之間的平衡，針對不用高價食材也能做出濃郁美味，庄司先生也下了一番工夫研究。

「理想的醬汁，是直接舔食就很美味。用高湯稀釋此醬汁會更添鮮味，放入麵條後又更美味，這樣才是理想的拉麵」。

同樣的，該店菜單中的「鹽味拉麵」受到許多粉絲的支持。

為了和中華拉麵的味道有所區隔，「鹽味拉麵」的鹽味醬汁中不用魚乾，而以貝柱的鮮味為中心，加上柴魚風味製作而成。改變海鮮高湯用法的鹽味醬汁，呈現和「中華拉麵」不同樣貌的風味。

儘可能簡單製作堅持風味的方向性

歷經近三十年的時間，庄司先生製作的拉麵風味依然持續受到許多人的支持，對於製作醬汁他有以下的建議。

「我雖然想用各種食材來製作，可是太複雜的話，反而會搞不清到底要表現什麼味道。我想簡單考量，不要太複雜，才能完成美味的拉麵。今後，不要頻繁的改變作法和材料。因為未必馬上有回頭客，花點時間讓顧客認識店裡的麵品。當顧客幾個月後再來時，別讓他們說『怎麼和之前的味道不同』，縱使顧客不太來，也要暫時耐住性子，堅持保持相同的味道，我覺得這點相當重要」。

中華麵處 **道頓堀**

該店位於東京成增的住宅街，於1984年開幕。後來成為每天大排長龍的人氣店，因此在2002年時遷至成增車站前。推出以魚乾等海鮮製作，味道濃醇的高湯最富吸引力。

地址／東京都板橋區成增2-17-2
電話／03-3939-6367
營業時間／11時～14時30分，17時～20時30分（視銷售狀況加以調整休息時間）
※第2、4的週四僅白天營業
例休日／週三、第1、3、5的週四

▶醬汁的材料及作法在第053頁

傳達每一樣食材的美味
用心製作樸素的風味

西尾中華拉麵 店主

西尾了一

根據目標風味的想像 改變調製風味的方法

「凪」集團自2006年在澀谷開設豬骨拉麵店以來，如今已成立數家不同概念的商店。與該集團代表生田智志先生同為主要成員的西尾了一先生，至今曾參與許多麵品的開發，「西尾中華拉麵」的成立與麵品開發，全由他一手負責。

西尾先生對於高湯和醬汁哪個為主，並無既定的概念，他以能突顯高湯的醬汁，和能感覺到醬汁的高湯當作目標，以適合的方式進行調製。

這次介紹的「中華拉麵」中，他希望高湯能讓人感受雞、海鮮、醬汁的醬油等個別風味與鮮味，同時風味又諧調。他一面在腦海中描繪醬油醬汁的樣子，一面參考日式拉麵的醬汁材料和作法開始調製拉麵味道。首先，研究要使用多少的柴魚和乾貨，才能做出所需的醬汁，接著讓醬油和高湯的味道都能平衡發揮。

挑選材料時，也注重要選有「鮮味」的。高湯的材料，則準備與麩胺酸、肌苷酸、鳥酸（guanylic acid）、琥珀酸（succinic acid）等不同鮮味成分的食材，他在有效的呈現美味上花了許多工夫，而且調味料也選擇鮮味高的優質品。

關於醬汁，西尾先生不做多餘的改良，自2011年3月起，他開始使用小豆島yama roku醬油的「菊醬」。

某次他偶然拜訪藏元，深受該品牌醬油的味道和傳統釀製方法感動，對此醬油一見鍾情。他製作調和的風味至今不變，和以前相比，醬油味稍微突出一點。

常思考使用食材的目的 發揮原味的用法

研發過各式各樣拉麵的西尾先生，製作醬汁時，一貫注重的是樸素的風味。原因是「希望顧客能純粹嚐到每樣食材的味道」西尾先生說道。

「我覺得，我們料理人在做很重要的工作。例如，「菊醬」這種醬油，150年來都堅持傳統使用杉樽，以古法手工釀造而成。這種投注了生產者想法，所傳達出的食材美味，我想能將我們和顧客緊密連結。」製作樸素的味道，是因為想傳達食材的美味。也因此，西尾先生認為，仔細考慮使用食材的目的，以及如何有效運用是相當重要的。

西尾中華拉麵

該店是目前開設5家店的「凪」集團所屬的餐廳之一，於2009年5月開幕。位於東京駒込洋溢著柔和氛圍的霜降商店街，顧客多為當地人，料理廣受各年齡層顧客的歡迎。

地址／東京都北區西之原1-54-1
電話／03-5980-9242
營業時間／11時30分～15時30分、17時30分～22時（※週六、週日、節日至20時30分）
例休日／第3個週日

醬汁的材料及作法在第056頁

反覆改良，運用「高湯中醬油」完成美味的中華拉麵

中華拉麵 kadoya食堂 店主

橘 和良

選用醬油時，淋在飯上嚐味道

「若想高湯展現美味，需了解加入醬汁的東西會形成阻礙」店主的橘和良先生說道。

據說該店剛開幕時，味道還未平衡時，橘先生也曾試著在醬汁中加入發酵調味料，但是改良高湯後希望不再使用，而且，也減少用於醬油醬汁中的食材種類。

高湯是用豬腳和比內地全雞為湯底的肉類高湯，混合昆布、秋刀魚乾製作的和風高湯的雙味高湯。橘先生希望肉類高湯也能很美味，於是改良雞高湯的濃度。

以前，和風高湯使用魚乾熬製，因鹽分不易掌控，所以停止使用，改為增加秋刀魚乾的分量。和以前的和風高湯相比濃度下降，改變了和肉類高湯的平衡，更增進了目前高湯整體的美味度。

現在，用於醬油醬汁中的調味料，只簡單組合醬油、醋、味醂和鹽。為有效利用現在使用的天然釀造醬油的風味，醬油使用時不加熱。

3種乾貨的熱高湯和醬油混合後，讓它迅速冷卻，放入冷藏室靜置1週的時間再使用。

檢視要混合哪種醬油時，據說橘先生是直接將醬油淋在熱飯上嚐味道，再根據醬油與白飯澱粉之間是否合味，來作為參考。

現在該店選用小豆島產的天然釀造一年熟成醬油，這種醬油味道稍甜，很適合搭配店裡的高湯。

連和日本產純小麥自製麵條是否合味也仔細確認

目前，該店採用自製麵條。它是用日本產的１００％純小麥製作的中細麵條。

麵粉中加入天外天鹽（內蒙古岩鹽），所以醬汁中也使用相同的鹽，使兩者更合味。

作為香味油的雞油，也是風味的重點。製作高湯時，舀取加熱浮現的雞油，因雞油煮過後會氧化，所以只使用煮1個半小時之前的雞油。

而且，舀取後立即以冰塊冷卻，使用時，隔水加熱讓它溶化，但要注意不可加熱過度。

拉麵是高湯涼了，麵也延展一些時食用，才能吃出最佳美味，所以據說橘先生會特地放置一會兒再試吃。

中華拉麵 kadoya食堂

2011年6月，該店遷至現址剛好滿一年。不變的是遠道而來的顧客依然絡繹不絕。基本的麵品有中華拉麵750日圓、鹽味拉麵830日圓、沾麵850日圓。其他還有餛飩麵880日圓、黑豬鮮味拉麵（無湯）900日圓等。

大阪府大阪市西區新町4-16-13-103
電話／06-6535-3633
營業時間／11時～15時（最後點單）、18時～22時（最後點單）視銷售狀況加以調整
例休日／週二

醬汁的材料及作法在第059頁

無法單純用言語訴說的複雜美味，探求具獨創性風味的醬汁

戶越 拉麵enishi 店主

角田 匡

重新了解食材的用法 邁向新的進步

店主角田先生對高湯和醬汁，以「高湯是方向，醬汁是最終決定」來形容它們的關係。是否能發揮高湯風味全靠醬汁，而且，角田先生認為，醬汁在展現一家店的個性上，具有重要的意義。

２００４年，藉著從惠比壽遷至戶越銀座的機會，角田先生開發出現在販售的醬油拉麵。

他先完成高湯，一面讓醬油醬汁與高湯保持平衡，一面參考日本拉麵的醬汁作法，完成更添美味與風味的拉麵風格。

他希望和其他店有所區隔，決定不使用鮮味料，同時，為了不讓顧客感到缺乏鮮味，角田先生也開始追尋展現鮮味的關鍵，也就是混合多種的鮮味。

之後，角田先生訂立每年修改菜單一次的時間，使麵品內容不斷進步。剛開始，他加入魚醬等新材料來進行改良，最近，他設計以乾香菇高湯成為湯底，這種方法並不會增加成本，目的在於重新檢視材料的用法與是否平衡。隨著食材不同的用法，呈現的風味也有很大的變化。

角田先生鑑於過去累積的各種經驗，他覺得製作醬汁時，最要緊的是充分提引食材的原味，這樣也能降低成本。此外，在技術面上，為避免味道和香味散失，他表示最重要的是不可過度加熱。

混合新舊醬汁 常保味道的穩定

角田先生製作醬汁時，會特別考慮「醬汁的穩定度」的問題。

在醬汁熟成、變得溫潤的過程中，每天的味道都會改變。尤其是開始使用生醬油和魚醬後，醬汁的熟成速度加速。

思索如何讓醬汁穩定後，他找到混合這項方法。將新醬汁和上次的舊醬汁混合，就能使營業用醬汁的味道常保穩定，而且，混合的目的不只為了穩定，還考慮能充分展現剛完成的新鮮醬汁的新鮮度，以及熟成醬汁的溫潤感這兩方面的魅力。

同時，角川先生還希望醬汁能呈現「日式醬汁」特有的獨創風味。

「以醬油醬汁來說，因為醬油本身是一個獨立的味道，要將它作為醬汁的根本，還是只把它視為一部分，我覺得先掌握醬油的定位非常重要。請各位務必親自嘗試，自己思考才是最佳的學習」。

戶越 拉麵enishi

該店位於東急池上線戶越銀座車站徒步立即可達的商店街的2樓。高湯香濃醇厚，廣受各年齡顧客的支持。還有使用和醬油味拉麵相同高湯的鹽味拉麵，鹽味是直接活用高湯的風味。

地址／東京都品川區平塚2-18-8 2F
電話／03-3788-5624
營業時間／11時30分～15時、18時～23時〔週六、週日、節日〕11時30分～16時、18時～21時
例休日／週一

▶醬汁的材料及作法在第062頁

思考廣泛應用醬汁，目標成為具創作力的拉麵店

拉麵 Cliff 店主 大西益央

為發揮醬油風味 改良海鮮和雞高湯

「Cliff」的招牌拉麵是「醬拉麵」。所謂的「醬」，指的是以鹽醃漬的發酵物，它也意味著醬油的原點。這道拉麵的目標以展現醬油的鮮味與香味作為首要魅力，為此，只採用生醬油製作醬汁。

該店的高湯，和第一家店「鶴麵」（大阪鶴見）一樣，是採用海鮮高湯和雞高湯混合的雙味高湯。

但是，為了充分發揮醬油醬汁的醬油風味，雞高湯是用比內雞全雞、雞骨和雞爪，以及少許的生薑和青蔥，熬煮而成的清高湯。

海鮮高湯也僅用昆布和柴魚高湯製作。而「鶴麵」的雞高湯中，有時是加雞翅，有時是加日高昆布，而海鮮高湯中，除了有秋刀魚乾、魚乾、青花魚乾等，還混合具濃郁鮮味的合齒魚乾，使高湯呈現令人震撼的美味，不過生醬油的纖細風味反而變得更明顯。

店主大西益央先生認為，當前，拉麵店是推出季節限定拉麵，或其他店沒有的創作拉麵的重要時代。

拉麵店不只要販售招牌拉麵，在滿足顧客對於新拉麵的期待心理下，也很難只用一種醬汁。第2號店「Cliff」，正是為了挑戰廣泛應用醬汁所應運而生的店。

生醬油醬汁完成後的管理也是重點

比起1號店，2號店的高湯或醬汁使用的材料種類變少，但因為使用生醬油，和醬汁混合的高湯鮮味變濃，所以這個醬汁中，不加砂糖也行，甜味來自味醂和蘋果醋。同時也不加鹽，只單純利用生醬油的鹽分。

但是，它是用最高67℃的低溫加熱製作，所以完成後的管理保存需特別留意。

醬汁在常溫下，夏季靜置2天，冬季靜置3～4天後再使用。即使加熱，但因為已進行微妙的熟成，所以靜置時不要用保鮮膜，而用報紙覆蓋。上述的時間為靜置的基本天數，每天需嚐味道加以確認。

使用時，在午餐後到晚上營業前，醬汁要放入冷藏室保存。不冷藏，風味易變。此外，每次醬汁製作分量為一週內可用完的量。因為之前該店一次製作2週的分量，結果用到最後醬汁都走了味。

拉麵 Cliff

該店於2010年11月開幕。提供和第一家店「鶴麵」（大阪鶴見）不同風味的拉麵。店中只有9席客座。不只喜愛拉麵的人常來，也是饕家為享受美味拉麵常拜訪的人氣店。

地址／大阪府大阪市都島區片町1-9-34
電話／06-6360-4580
營業時間／11時～15時、18時～21時
（視高湯銷售狀況加以調整）
例休日／週二

▶醬汁的材料及作法在第065頁

想像完成目標風味 製作適合該風味的醬汁

第二代 鮮蝦拉麵 keisuke 店主

竹田敬介

醬汁可補強高湯是拉麵的基礎

不論「黑味噌拉麵 第一代 keisuke」或「鮮肉拉麵 keisuke」等，每家店竹田敬介先生都開發不同主題的拉麵。據說他經常思考新口味的拉麵。研發時常採一定的步驟。最初，他只是在腦海中描繪「想要製作這樣的拉麵」。再想像完成目標風味，接著思考要組合什麼元素，才能變成那樣的味道，最後，使用實際的食材試作。

開發的順序上，基本上，是先製作高湯，接著才醬汁。

竹田先生認為醬汁是拉麵的基礎，也是補強高湯的部分。希望拉麵整體再濃郁一些，或是提高香味時，可改變高湯的食材。比起醬汁，加入高湯中的食材，對整體更易造成影響。

例如「鮮蝦拉麵」，主香味來源的甜蝦頭是放入高湯中，醬汁中則加入乾櫻花蝦，用來補強蝦的香味。

每天製作的高湯，和好幾天份一起製作的醬汁也不同，醬汁還要考慮保存的問題。

要調整口中餘味和鹽分濃度時，不太隨意改變高湯，而是用醬汁來調整。

拉麵和飯一起食用時也要慎重，竹田先生覺得，為了也能搭配飯，拉麵的味道最好重一點。因此，之後不清楚是否要加1ml的調味料時，最好選擇加入。

研發時，思考醬汁在拉麵中的作用

竹田先生構想新拉麵時，除了基於累積至今的法國和日式料理的豐富經驗外，還納入符合時代需求的行銷學元素。

他表示，以往都只做自己想做的東西，但是「現在希望能做顧客需要和喜歡的東西」。

例如，「肉拉麵 keisuke」提供的「鮮肉拉麵」，為了迎合簡易食材較受歡迎的時代需求，配菜中加入讓顧客驚豔的高成本肉塊。

而增加的成本必須在其他地方尋求平衡，因此高湯採用叉燒用肉的煮汁，醬汁使用叉燒用的醬汁作為基底及單純的食材。竹田先生研發拉麵時，除思考醬汁在拉麵中的作用外，還注重拉麵整體的平衡。

第二代 鮮蝦拉麵 keisuke

2005年設立的一號店「黑味噌拉麵 第一代 keisuke」，廣受顧客喜愛，因此2006年推出2號店。當時少見的鮮蝦拉麵成為受矚目的料理，之後一直維持穩定的人氣。該集團預計在日本國內共開設7家店，也預備進軍泰國和新加坡等海外各地。

地址／東京都新宿區高田馬場2-14-3三桂Building 1F
電話番號／03-3207-9997
營業時間／11時～23時
例休日／無休

醬汁的材料及作法在第071頁

年輕時學習的基礎知識和料理人的經驗如今發揮作用

麵屋 青山 店主

青山英昭

還考慮爐火、人手等備料時廚房空間的問題

「青山」集團9家店菜單中的招牌麵品，全是青山英昭先生所決定。

現在為了培育人材，雖然委由各店長決定，但以前各店每月變換口味的拉麵，所有的調製風味工作，青山先生都有參與。

他表示「過去我在專門學校曾學過一般的基礎烹調，這對我有很大的幫助」。

在拉麵試作階段，大多先做出想像中的味道，之後再經過數次微調，才完成理想的味道。「除了拉麵以外，日式、西式和中華料理，我都有烹調的經驗，當時累積的知識，對我後來製作拉麵也大有助益」。青山先生強調，學習基礎烹調的重要性。

青山先生製作拉麵時，先從決定主角的味道著手。「例如，就像『青山』的鹽味拉麵使用海扇貝，沾麵用柴魚等，他會先決定味道的主軸」。

味道主軸是利用醬汁展現，還是以高湯表現，依據想製作的不同拉麵類型，也會有變化。

他表示「如同像想製作豬骨海鮮那樣濃郁風味的拉麵時，是以高湯為主軸，即使搭配味道細緻的醬汁，其震撼感也不如高湯。製作清高湯時，則以醬汁為主軸來構成味道。說得極端一點，醬汁如果美味的話，只要用熱水稀釋醬汁，就能完成美味的拉麵。製作清爽風味的拉麵時，高湯是擔任補助的角色。取而代之的，醬汁則要調製成濃郁的風味。」

調製醬汁風味上有3大重點。一是要確實遵守熬取高湯的方法。乾貨類食材需充分浸漬，再花時間仔細熬製成高湯。放入昆布的狀態下不煮沸等，遵守基本原則，才能完成無雜味的乾淨味道。

第二項重點是鹽、醬油和昆布這些食材，不要只使用1種，儘量混合使用。讓鮮味混雜交融，才能增加味道的深厚濃郁度。

第3項重點，考慮到製作拉麵的店內廚房結構和人員。為了讓員工能夠穩定製作，製作程序複雜的醬汁時，特別要考慮爐火和人手是否充足，備料的空間是否足夠等。

「最初就算只是模仿，也一定要試著製作。不經多次失敗無法獲得經驗。許多事物都能激發構思拉麵的靈感，建議也可以吃吃拉麵以外的料理，多方進行學習」。

麵屋 青山 本店

該店為「青山集團」的總店，該集團在千葉縣內共開設9家店，包括主要提供味噌拉麵的「北青山」，和推出九州博多豬骨拉麵的「南青山」等。拉麵可選擇清爽型或濃郁型高湯，廣受各年齡層顧客的支持與喜愛。

地址／千葉縣富里市日吉台2-19-11
電話／0476-91-0808
營業時間／11時～23時30分（視銷售狀況加以調整）
例休日／無休

醬汁的材料及作法在第074頁

思考麵品風格和主要食材，依菜單變換醬汁的作用

麵屋 庄的

庄野智治

在味道未達目標前不追求效率化！

「庄的」麵屋提供每月都會變換，使用季節食材製作的創意麵。

金鎗魚魚腹、海膳魚、巧克力等，該店廣泛運用食材，至今推出的創作麵點多達80種。其獨創性固然廣受好評，然而麵品的完成度更獲讚賞，現在經典豬骨海鮮拉麵和沾麵，並列為該店的招牌商品。

「冬天時，為了讓顧客喝了高湯身體變暖，我也會在醬汁中加入季節食材的高湯，夏季時，則在沾麵的配菜中加入當季食材，以代替增加醬汁的鹹味。使用大量食材製作醬汁時，相對的，鹹味會變淡，所以店內也提供以大量醬汁調拌的乾拌麵。店內提供的創作麵風格會隨季節變化，所以醬汁的作用也隨每道麵品改變」庄野智治先生說道。

他表示，拉麵大部分是配合食材來決定醬汁的味道，「主角是食材，因為這項食材和味噌非常合味，所以會搭配味噌醬汁」。

「庄的」的招牌商品不只有醬油味，也有搭配個性創意麵品的醬汁，包括鹽味醬汁、味噌醬汁等，所以該店廚房經常備有6種醬汁。

雖然「庄的」每月都規劃新麵品，不過，庄野先生也不忘呈現該店特有的風味，例如菜單中全使用相同的鹽（島之真鹽）。

如果直接運用店裡的招牌麵的醬汁、高湯和麵條等其中一部分的話，醬汁或高湯中也會用相同比例的高湯，以呈現「庄的」拉麵特有的風味。

「像這次介紹的鮭魚拉麵那樣用鮮魚製作的醬汁，不屬任何類型反倒特別費工。不只是魚的鮮度管理，為了減輕魚腥味，我還一度使用烤魚等，費了不少工夫」。

製作鹽味醬汁時的最大重點是鹽分的拿捏。醬汁與高湯組合時，能提引出最理想的風味，才是適當的調味鹽量。製作醬油醬汁時，不只是取高湯的方法，靜置的方式也是重要的關鍵，在熟成期間需慎重的進行調整。靜置數日若醬汁變美味，經長期保存味道會嚴重劣化，所以需考量使用期限，調整醬汁的準備量。

該店製作醬汁的作業複雜，需耗費大量時間才能完成，「費工夫才是愛」庄野先生堅定的表示，「在重視效率的現代，我不打算只挑容易做的，我不在味道上做任何妥協」。

麵屋 庄的

該店以雞骨和海鮮為底的「清爽型」，以及濃郁豬骨海鮮風味的「濃厚型」，2種拉麵為主，以及沾麵或每月變換的創作麵等。尤其是創作麵，拉麵中組合季節食材等，個性十足。也有通訊販售的服務。

地址／東京都新宿區市谷田町1-3
Crescent building 1F
電話／03-3267-2955
營業時間／11時～15時，17時～21時30分
〔週六、週日、節日〕11時～16時
例休日／無休

醬汁的材料及作法在第078頁

鹽味拉麵專門店特有 講究「海味」的鹽味醬汁

鹽專門 **龍旗信** 店主

松原龍司

以梭子蟹的濃縮精華 調製想像中的醬汁

前文介紹過的鹽味醬汁，是濃縮三齒梭子蟹的精華調製而成，為免蟹味太突出，不光用熬煮法製作。

松原先生表示，他的目標不是讓人立刻明白是「三齒梭子蟹的味道」，而只是覺得「那是什麼高湯吧？」他希望能製作出不愛吃螃蟹的人也能吃的醬汁。那麼做，除了能用於熱拉麵中，也能製作蟹味涼麵。

醬汁的製作重點是，需徹底撈除浮沫雜質。用大火加熱，漂出的浮沫雜質會順著對流水力回到湯裡，所以要調小火力，仔細撈除，直到沒有雜質浮現為止。

此外，松原先生還組合能突顯三齒梭子蟹鮮味的食材，讓它和高湯混合時，風味更豐富。例如，鹽是用上海蟹產地所出產的中國產岩鹽，以及喜馬拉雅的黑鹽。

上海蟹與三齒梭子蟹同類，所以松原先生刻意選用。黑鹽具有硫磺般的臭味，但和三齒梭子蟹很合味。

任何一種鹽，松原先生都會溶化後再挑選。他表示，比起直接舔鹽嚐味道，還不如像實際運用那樣，將它溶化後再嚐味道。

加入克里諾羊乳起司，也是因為它的濃郁風味和鹹味，很適合搭配三齒梭子蟹。

構思利用醬汁 讓高湯味道變化豐富

店主松原龍司表示，對「龍旗信」來說，拉麵會極力善用醬汁。製作能廣泛運用的高湯，只要搭配不同的醬汁，風味就能產生很大的變化。他以這樣風格為訴求來製作醬汁。

不過，用於招牌鹽味拉麵中的淡菜醬汁，或期間限定的三齒梭子蟹鹽味拉麵的醬汁，1人份的混合使用量都是30 ml。30 ml醬汁和360 ml高湯的組合數字，為的是讓烹調作業效率化。

該店的高湯，是在浸漬昆布、乾香菇和乾蝦仁的高湯中，加入雞骨、全雞、豬腳和大量蔬菜熬煮而成。為煮出清澄的高湯，熬煮過程中需留意火候的大小，而且還加入自製的乾牛蒡，來消除浮沫和肉腥味。

該店自開業第10年的今年起，高湯中增加雞骨的分量，作為香味油使用的自製洋蔥油中也加入雞油，以提高美味與濃度。

鹽專門 **龍旗信** 狹山店

2001年於大阪堺開業。2011年4月在京都河原町設立第6家店。狹山店為「鹽味拉麵專賣店」，「積極運用泉州食材調製風味」是該店一貫堅持的作法。招牌鹽味醬汁，目前一次需使用80kg的淡菜，每週要製作2次。

地址／大阪狹山市茱萸木1-155-1
營業時間／11時30分～0時
年中無休
電話／072-367-6556

醬汁構成味道的整體架構 完成後和高湯起加乘作用

麵處　本田　店主

本田裕樹

決定味道的概念 進行擴大發想

「麵處　本田」自2008年開幕後，立即成為大排長龍的人氣拉麵店，為了更廣泛吸引各年齡層的顧客，店裡準備了雞湯底的「清爽型」，以及豬骨湯底的「濃郁型」2種拉麵。21歲實現開業夢想的店主本田先生，自學研究開發的拉麵，深得男女老少許多粉絲的喜愛。

本田先生表示「不論哪種高湯都是用來表現鮮味與香味。我認為構成拉麵整體風味架構的是醬汁，展現五官能感受的美味的也是醬汁。與高湯相比，醬汁更為重要」。

本田先生研發新拉麵時，是先決定味道的概念，再開始動手製作醬汁和高湯。

以這次介紹的「鹽味拉麵」為例，設定的概念是「呈現海鮮美味的鹽味拉麵」。

因為在高湯中用了很多海鮮材料，味道重於雞的風味，所以要減少高湯中所用的海鮮高湯（但是，高湯中的鮮味高湯不足，醬汁又會變得死鹽，所以高湯要煮濃一點）。而且，鹽味醬汁中用大量的海鮮材料，以高湯減少的海鮮味，可用醬汁來補充。本田先生的構思製作醬汁的方法，就像這樣考慮到高湯和醬汁之間的平衡，並利用加乘效果提升美味度。

以自己的想像為本 邊改良邊尋求理想風味

醬汁和高湯使用哪種材料，基本上，本田先生認為是組合對味的食材。然後根據自己的想像風味開始製作，有時也可能遇到瓶頸。這時，他會思考為何做不出理想的味道，深入挖掘造成偏差的原因並加以改進。

這次介紹的鹽味醬汁，他也經過不斷摸索，反覆失敗多次。

最初他是作為湯底的營業用高湯中加入調味料，製成醬汁，但一到夏天很快腐敗。

於是他改變作法，不用高湯，改用新熬取的海鮮高湯作為湯底，逐漸體認到「這個鮮高湯經過2天浸漬鮮味較佳」，而慢慢趨近於現在的製作方法。

「製作的同時，我也注意到許多細節，像季節不同，鮮味高湯的取製方法也不同等，所以即使到了今天，顧客沒察覺的部分我仍會持續改進。為讓顧客長久光臨，必須不斷追求美味」。

麵處　本田　東十条本店

該店於2008年2月開幕，當時店主本田裕樹先生21歲，提供商品競爭力高的獨創拉麵，成為顧客絡繹不絕的人氣店。2011年4月，於「東京拉麵街」開設第2家分店。

地址／東京都北區東十条1-22-6
電話／03-3912-3965
營業時間／11時30分～16時
例休日／週三

後記

這次，我們邀請超人氣拉麵店、門庭若市的熱門拉麵店的店主們，透過本書傳授我們「醬汁的作法」。

書中，所有的醬汁都是他們殫精竭慮苦心研發出來的，無一不經過多次失敗反覆試驗，基於熱情和持續挑戰的精神才設計出來的。

在公開人氣拉麵味道組成的元素之一的「醬汁」時，許多店主都談到類似的事情。「製作醬汁要歷經百般的摸索，因為很辛苦，所以希望本書能成為日後想開店的人，或是目前正在努力創業者的指標」。

不論拉麵或沾麵，都沒有所謂的正式、正統的高湯或醬汁。此外，喜歡的味道、流行的話題味道也不斷的在變。若已走進這個園地，高湯或醬汁一直保持不變的店家，今後應該會想加以改良、進步吧！

最重要的並非完成菜單。希望讀者透過本書介紹的醬汁，能夠領略著名拉麵店店主們，以追求自己的拉麵、沾麵為目標，不斷思考「如何做出更美味拉麵」，永無所謂完美終點的不懈精神與態度。

專業食譜　系列叢書

日式沾麵、拌麵
最新技術

21×29 公分　128 頁
定價 450 元　 彩色

「沾麵」是日式拉麵中一種麵湯分離的吃法。將麵條水煮後以冷水沖洗盛盤，再擺上叉燒、滷蛋、筍乾等配菜，比普通拉麵味道更濃厚的湯汁則是或冷或熱，另外盛裝以便沾取。

「拌麵」則如其名，是在煮好的乾麵條上擺入各式配菜後淋上香濃醬汁拌在一起食用。兩者都是日本拉麵文化中獨具特色的一環吃法。

本書獨家專訪２４家人氣拉麵店，介紹總數３０道最受歡迎的沾麵、拌麵最新調理技術，以及獨門料理秘方。想知道這些拉麵店為何能大排長龍，讓人不惜等候２個小時也想吃上一碗嗎？書中的詳細說明與專家秘訣就絕對不要錯過！

開店專業
豚骨拉麵最新技術

21×29 公分　128 頁
定價 450 元　 彩色

「豚骨拉麵」是指用「以豬骨為主體材料，經過大火長時間熬煮後，使脂份乳化所形成不透明的濃濁湯頭」所製成的拉麵。日本的拉麵史發展至今，豚骨拉麵已成為拉麵主流之一，其中又可分成豚骨拉麵、豚骨沾醬麵、豚骨拌麵。

本書收錄了全日本２６間超人氣的拉麵專賣店，專訪店家的豚骨拉麵製作技術。並針對豚骨拉麵的靈魂──湯頭製作法，以彩色流程圖的方式配上詳細解說，另外該店所使用的提味醬料、配菜、叉燒肉、麵體等，也有詳細且專業的說明。

無論您是想要開店，或是想在自家熬煮，拉麵發源地──日本達人的專業料理技術與祕訣，這一本書就讓您全部學到。

日式拉麵・沾麵・涼麵
技術教本

21×29 公分　128 頁
定價 450 元　 彩色

本書專訪 27 家日本人氣拉麵店，公開他們受人歡迎的拉麵的獨家秘方，從湯頭、麵條、叉燒肉、配菜等等，一步一步教授何以美味的秘密所在。

我們都明白，研發突破料理口味的困難與艱辛。就單單為尋找一個清爽不油膩的湯頭，往往得花上 20 年的歲月日夜專研，翻開本書你將看到每一位拉麵職人為拉麵所付出的苦心與努力，

短短幾頁的拉麵湯頭教學，濃縮了師傅多少歲月的精華，每一次的嘗試失敗，都更接近了師傅心中理想的拉麵。

人氣居酒屋 主廚菜單 200

21×28 公分　156 頁
定價 400 元　　彩色

本書專訪 10 家日本超人氣居酒屋，刊載他們的理念發想與最新調理技術，並且分別公開每店各具代表性的菜單配方。這些超夯店家的老闆或店長將與您暢談開發新潮菜單的秘訣，以呈現超優創意、超美味料理，以及超具熱情的居酒屋料理。現在就來看看這些將食材特性運用的淋漓盡致、視覺震撼力十足的精彩料理秀！

鐵板燒の人氣料理

21x28cm　　104 頁
定價 350 元　彩色

作者是一位知名餐飲店經營顧問，擁有經營大阪燒、鐵板燒專賣店長達 20 年經驗，不斷創新研發鐵板燒料理的食材與風味，並針對餐飲店的綜合諮商、分店企劃、經營重整、人材教育和開店指導等問題進行諮商指導，實際指導過的店家超過 500 家以上。

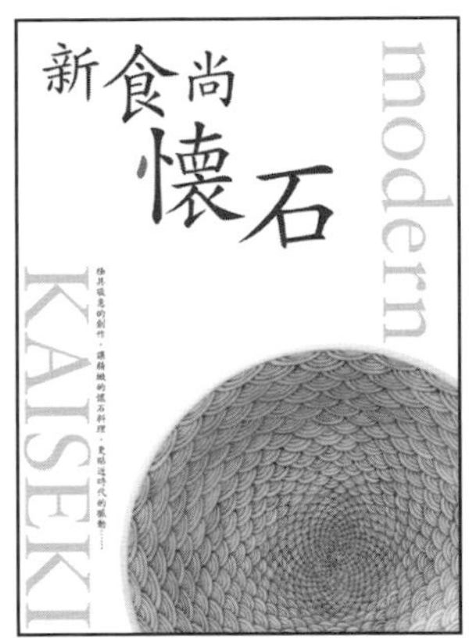

新食尚 懷石

21×29 公分　144 頁
定價 480 元　　彩色

懷石原本是一種用於增添濃茶美味的料理，後來才演化為精心烹調，形式卻非常簡單的精緻美食。

「摩登懷石」一書是在仍然保有懷石之心，卻跳脫形式窠臼下，試著做出不同變化後彙整成冊。展望未來大家能比現代更廣泛地享用懷石，希望茶席以外的場合也能採用懷石料理，因此試著從食材的選用到盛盤上菜為止，加入種種巧思，試著做出全新的懷石料理。

咖哩大全

21×29 公分　136 頁
定價 380 元　　彩色

本書網羅了有關咖哩的所有知識，從關鍵的香料開始，帶領讀者深入領略印度、日本、歐洲等各地咖哩的風味與調理技術，同時還走訪日本超人氣的咖哩店，公開收錄店家最受歡迎的咖哩食譜，並分享專屬配方、製作方法、配菜飲料的搭配學問等等，此外，還有「烹煮美味咖哩的注意事項」、「咖哩的營養成分分析」等單元，一書在手，讓你成為極上咖哩通！

日式炸豬排＆炸物

21×28 公分　120 頁
定價 350 元　　彩色

1) 走訪超過四十家知名日本豬排專賣店，分析這些名店的炸豬排餐點特色，分享如何保持人氣不墜的炸物調理法。
2) 專家傳授炸豬排基本必備知識，讓讀者在家也可輕鬆學炸豬排。
3) 公開專業職人的私房料理絕招，讓您一舉掌握炸豬排的成功關鍵。

日本料理の 最新調理技術教本

21×29 公分　120 頁
定價 480 元　彩色

這幾年日本料理不斷推陳出新，每一年料理師傅們都會創作出嶄新風味的日本料理，用一道道精美的料理給人視覺和味覺強大的滿足。

本書專訪了 16 家日本料理專門店，大公開各家師傅擅長的料理項目，區分：刺身、湯品、燒烤、蒸煮、油炸 五大類，近百道料理，讀者可藉由詳細的步驟來學習，跟著大師們一起體驗新創作的日本料理的魅力。

TITLE

開店專業 拉麵・沾麵の醬汁調理技術

STAFF

出版　瑞昇文化事業股份有限公司
編著　永瀨正人
譯者　沙子芳

總編輯　郭湘齡
文字編輯　王瓊苹　林修敏　黃雅琳
美術編輯　李宜靜
排版　二次方數位設計
製版　明宏彩色照相製版股份有限公司
印刷　桂林彩色印刷股份有限公司
法律顧問　經兆國際法律事務所　黃沛聲律師

戶名　瑞昇文化事業股份有限公司
劃撥帳號　19598343
地址　新北市中和區景平路464巷2弄1-4號
電話　(02)2945-3191
傳真　(02)2945-3190
網址　www.rising-books.com.tw
Mail　resing@ms34.hinet.net

本版日期　2019年12月
定價　400元

國家圖書館出版品預行編目資料

開店專業 拉麵・沾麵の醬汁調理技術／永瀨正人編著；沙子芳譯. -- 初版. -- 新北市：瑞昇文化，2013.02
112面；21x29公分

ISBN　978-986-5957-46-9（平裝）

1. 麵食食譜　2. 調味品

427.38　102002305